KB138428

신상출시
편스토랑

신상출시 편스토랑

1판 4쇄 발행 2024년 2월 1일

지은이 KBS 신상출시 편스토랑 제작팀
펴낸이 김선숙, 이돈희
펴낸곳 그리고책(주식회사 이밥차)

주소 서울시 서대문구 연희로192(연희동 76-22, 이밥차 빌딩)
대표전화 02-717-5486~7 **팩스** 02-717-5427
홈페이지 www.2bc.co.kr
출판등록 2003년 4월 4일 제10-2621호

본부장 이정순
편집 책임 박은식
편집 진행 조효진, 김지원
요리 진행 이밥차 요리연구소
영업마케팅 이교준, 백수진, 임정섭
경영지원 원희주
디자인 이성희

ISBN 979-11-970531-9-1 13590

편의점과
레스토랑의
잘된만남

신상출시

편스토랑

Prologue

방송에 소개되는 음식을 보며
누구나 한 번쯤은

"
나도 먹어보고 싶다
"

생각한 적이 있을 것입니다.

그런데 그 음식을 내 집 앞 편의점에서 혹은 내 집에서 편안하게 레스토랑처럼 즐길 수 있다면? 〈신상출시 편스토랑〉은 음식 프로그램을 보며 직접 먹어보고 싶다고 느끼는 시청자들의 로망을 채우는 프로그램입니다.

편스토랑에서는 소문난 '맛.잘.알' 스타들이 혼자만 먹기 아까워 많은 사람과 나누고 싶은 메뉴를 공개하고, 메뉴 대결을 펼쳐 이 중 우승한 메뉴가 실제로 방송 다음 날 출시됩니다.

출시 상품에는 우리 농수산물을 사용하여 우리 농수산물 소비 증진에 힘쓰고 있으며 판매 수익금은 결식아동 등 소외된 이웃을 위해 기부하고 있습니다. 기부금은 현재(2021년 7월 기준) 2억 3천만 원을 돌파하며 선한 영향력을 펼치고 있습니다. 지금까지 〈신상출시 편스토랑〉을 사랑해주신 모든 분들 덕분입니다. 감사의 인사를 전합니다.

이렇게 사랑받아온 <신상출시 편스토랑>의 레시피북이 출간됩니다!
편셰프들의 알짜 레시피를 모아 모아 한 권의 책에 담아냈습니다. '이밥차 요리연구소'에서 편스토랑의 레시피들을 누구나 쉽게 따라 할 수 있도록 정리를 정말 잘 해주셨어요. 숟가락, 종이컵 등 집에 있는 손쉬운 계량 도구를 사용해 여러분도 스타들의 필살 레시피를 집에서 꼭 만들어 보셨으면 좋겠습니다. 편스토랑과 이밥차 요리연구소의 만남으로 좋은 레시피를 더 쉽고 맛있게 요리해 즐길 수 있기를 바랍니다.

KBS 2TV 〈신상출시 편스토랑〉 제작진 드림

“

40년이 넘은
저의 요리 인생에
요즘 새로운 즐거움이
생겼습니다

”

바로 KBS <신상출시 편스토랑>인데요.

오늘은 어떤 새롭고 기발한 레시피가 소개될까 하는 생각에 매주 설레는 마음을 안고 촬영장에 갑니다. 진심과 정성을 다해 요리에 임하는 편셰프들의 모습을 보면서 감동을 받기도 하고, 생각지도 못한 놀라운 아이디어로 개발된 레시피를 보면서 감탄하기도 합니다.

맛있는 음식을 많은 사람들에게 권하고 싶은 것이 요리하는 사람의 마음입니다. 〈신상출시 편스토랑〉에 소개된 레시피들이 실제 상품으로 출시가 되어 많은 시청자들이 직접 즐기는 모습을 보면 흐뭇한 마음이 듭니다. 〈신상출시 편스토랑〉은 요리하는 사람들의 바람을 실현해 주는 고마운 프로그램이죠.

상품으로 출시되지 않은 레시피들 중에도 훌륭한 레시피가 굉장히 많습니다. 이 책은 각 메뉴의 레시피를 상세하게 설명하고 있어 가정에서도 쉽게 따라 하며 방송의 맛을 재현할 수 있으실 겁니다. 방송에서 자세히 다루지 않았던 레시피도 많이 소개돼 있어 방송과는 또 다른 재미를 느끼시리라 생각합니다.

편스토랑 레시피북 한권이면 집밥 걱정은 끝! 이 책을 통해 각 가정에서도 이색적인 편스토랑 레시피를 만나보실 수 있길 바랍니다.

이연복 셰프

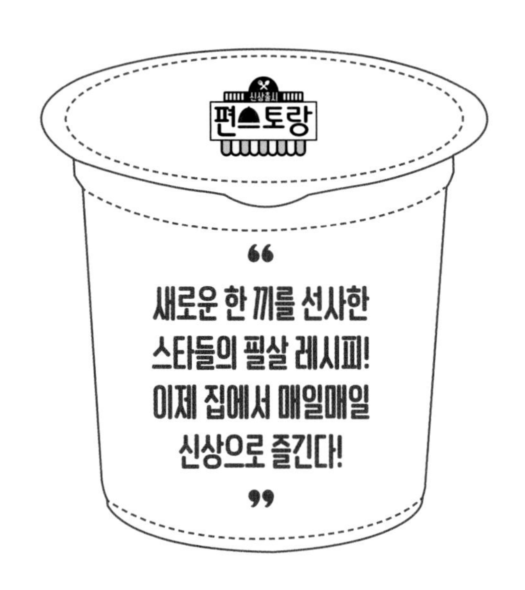

작년 한 해 전세계를 떠들썩하게 했던 '달고나 커피'를 기억하시나요?

커피와 설탕을 400번 이상 휘저어야 완성되는 극한의 레시피로 인터넷을 뜨겁게 달군 커피였어요. 인스턴트 커피, 설탕, 약간의 물 그리고 튼튼한 팔만 있다면 완성되는 이 커피, 다들 집에서 한 번씩 해보셨죠? 팔이 떨어질 만큼 열심히 커피를 젓고 있으면 까맣던 커피 가루가 어느새 황금빛 달고나로 변하는 마법의 레시피로 큰 인기를 끌었습니다. 어느 집에나 있을 만한 간단한 재료와 400번 이상 휘젓는다는 신선한 방법이 '달고나 커피'의 인기 요인이었어요. 코로나19로 무료한 일상이 지속되던 시기에 많은 분들에게 즐거운 소일거리가 되어주었습니다.

이 '달고나 커피'가 처음 소개된 프로그램이 어딘지 혹시 아시나요?

바로 <신상출시 편스토랑>입니다. <신상출시 편스토랑>은 연예계 소문난 '맛.잘.알' 스타들이 혼자 먹기 아까운 필살의 메뉴를 공개하고, 이 중 메뉴평가단의 평가를 통해 승리한 메뉴가 방송 후 바로 출시되는 신개념 편의점 신상 서바이벌프로그램입니다. 2019년 10월 첫 방송을 시작으로 벌써 30개 이상의 제품을 출시했고(2021년 8월 기준), 300여 개 이상의 레시피를 소개했어요.

신상으로 출시된 상품의 판매 수익금은 기부되었고,

총 기부금이 2억 3천만 원을 돌파했어요(2021년 7월 기준). 기부금은 결식아동과 신종 코로나 바이러스 감염증으로 어려움을 겪는 소상공인을 돕기 위해 사용되었습니다. 넘쳐나는 먹방과 쿡방 속에서 '편의점 신상 출시 서바이벌'이라는 신선한 포맷, 그리고 기부를 통한 선한 영향력이 <신상출시 편스토랑>이 많은 사랑을 받고 성장할 수 있었던 원동력이 아니었을까요?

<신상출시 편스토랑>은 매주 금요일 밤에 방영하는데요,

금요일 밤이면 인터넷은 언제나 방송에 나온 음식과 최신 레시피로 뜨겁답니다. 방송 후 바로 출시되는 우승 메뉴뿐만 아니라 아쉽게 상품으로 출시되지 못한 음식까지 큰 관심과 사랑을 받고 있어요. 편스토랑은 최신 레시피뿐만 아니라 '태안탕면', '전복감태김밥', '표고사' 등 이전에 소개된 레시피들도 현재까지 꾸준하게 인기를 얻고 있습니다.

이 책에는 퍼이텅을 넣은 '꼬꼬빵', 맥주를 활용한 '맛술',

러시아 전통음식 보르쉬와 라면을 합친 '보르시라면'과 같이 톡톡 튀고 특색있는 편스토랑의 알짜배기 레시피만 선별해서 모아 두었어요. 또한 '천연 라면수프', '완당' 등 참신하고 건강까지 생각한 부재료 레시피도 정리했습니다.
이 책을 통해 한 번도 경험해보지 못한, 기존에 없던 새로운 레시피를 만나보세요. 그리고 당신의 맛있는 한 끼 식사가 되어 줄 신상 메뉴를 개발할 수 있길 바랍니다.

contents

2 면 코너

3 베이커리 & 떡 코너

4 프리미엄 코너

5 음료 냉장고 코너

6 정육점 코너

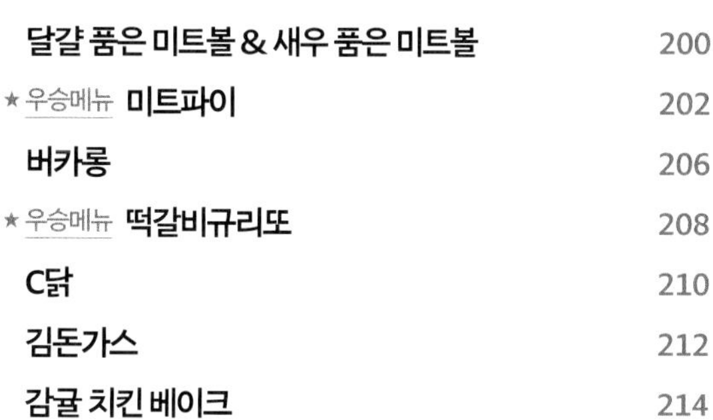

7 스낵 코너

우리 것이 좋은 것

편스토랑 속 우리 식재료

〈신상출시 편스토랑〉은 매 대결마다 주재료를 정하고,
그 재료를 활용하여 새로운 음식을 개발합니다.

주제로 선정되는 재료의 기준은 코로나19로 어려움을 겪고 있는
농업, 축산업, 어업 등의 경제에 보탬이 되는 우리 농산물이라고 하니 좋은 취지라고 할 수 있겠죠?
주제로 선정된 재료와 그 재료 관련 꿀팁들을 정리했어요.
그 외에 다양한 요리에 빠지지 않고 활용되는 재료도 함께 소개합니다!

- 1 -
돼지고기를
활용한 편스토랑
레시피

돼지고기

묵은지 돼지구이 덮밥(48쪽), 보르시라면(88쪽),
피카소의 점심(134쪽), 떡빠빠오(138쪽)

좋은 돼지고기 고르는 기준

1 **돼지고기의 색**

일반적으로 돼지고기는 소고기보다 색깔이 옅은데, 돼지고기의 색은 옅은 선홍색을 띠면서 윤기가 나는 것이 좋아요. 스트레스를 많이 받은 돼지고기는 색이 창백하고 탄력성이 적어 물렁거리며 육즙이 많이 흘러나오므로 유심히 살펴볼 필요가 있어요. 진한 암적색일 경우에는 늙은 돼지고기일 수도 있어요.

2 **돼지고기의 지방과 마블링**

지방은 돼지고기의 육질에 큰 영향을 주는데, 비육이 잘된 돼지고기는 지방색이 희고 단단할 뿐만 아니라 육질이 연하고 향미가 좋아요. 마블링은 주로 소고기에만 있다고 생각하지만, 돼지고기에도 있어요. 돼지고기는 주로 항정살, 목살 등의 부위에 마블링이 분포해 있어요.

3 **돼지고기의 결**

돼지고기의 결은 소고기에 비해 거친 편이에요. 결이 곱고 탄력이 있는 고기는 신선한 어린 돼지의 고기로서 대체로 연하고 맛이 좋아요. 반면 운동량이 많은 부위는 결이 굵고 거친데, 쫄깃쫄깃한 식감을 즐기는 분들에게는 이 부위를 추천해요.

4 **돼지고기의 수분**

돼지고기의 수분 함량은 75~80%로, 소고기보다 수분 함량이 높아 숙성시간이 오래 걸리지 않아요. 하지만 고기를 썬 뒤 오래 두면 상하기 쉽고 육즙이 빠져나와 맛이 없으며 산화하여 갈변해요.

- 2 -
소고기를
활용한 편스토랑
레시피

소고기

한여름 밤의 스테이크 비빔밥(52쪽),
육우초밥(54쪽), 떡갈비규리또(208쪽)

좋은 소고기 고르는 기준

1 **소고기의 색**

선명한 선홍색이나 붉은빛을 띠는 것이 좋아요. 단, 너무 새빨간 고기는 피하세요. 잘게 간 소고기의 경우 표면은 붉은색인데 안쪽은 겉에 비해 칙칙해요. 이는 갓 썰어낸 고기의 표면은 칙칙한 자줏빛이지만 산소와 결합하면서 붉은색으로 변하기 때문이에요. 반면 소고기의 지방은 하얀색일수록 좋아요. 단, 천연 목초를 먹고 방목 사육된 뉴질랜드산 소고기의 지방은 연노란색을 띠는 것이 정상이에요.

2 **소고기의 마블링**

우리나라 사람들은 분홍빛 살코기 사이에 하얀색 지방이 그물처럼 고루 박혀 있는 '마블링 고기'를 선호하는 편이에요. 이는 육질이 연하고 부드러우며 육즙이 많은 지방 부위이기 때문이에요.

3 **소고기의 결**

가늘고 섬세한 결의 쇠고기는 부드럽고 맛이 좋아요.
운동량이 많은 부위는 결이 굵고 거친데 그만큼 질길 수 있어요.

4 **소고기의 수분**

신선한 소고기는 광택이 돌고 수분이 적당히 배어나 촉촉해요. 냉동과 해동을 반복하거나 늙은 소의 경우 육질이 단단하고 건조해요.

- 3 -
달걀을
활용한 편스토랑
레시피

달걀

들고 먹는 오믈렛(44쪽), 꼬꼬빵(126쪽), 쫄계(236쪽)

신선한 달걀 구매하는 방법

1 **진열장 가장 안쪽에 놓은 달걀을 고르세요.**
진열장 바깥쪽에 있는 달걀일수록 온도변화와 흔들림의 영향을 많이 받아 쉽게 상할 수 있어요.

2 **표면이 고르지 않은 달걀을 고르세요.**
달걀도 숨을 쉰다는 사실 알고 계셨나요? 달걀껍데기 표면에 있는 오돌토돌한 작은 구멍을 통해 호흡한다고 해요. 신선하지 않고 오래될수록 표면이 매끈해지니 손으로 만졌을 때 표면이 오돌토돌한 달걀로 골라주세요.

3 **산란 일자를 확인해요.**
대부분의 달걀 유통기한은 산란일 기준이 아닌 포장일 혹은 등급판정일이 기준이 된다고 해요. 산란 일자는 유통기한과 함께 표기되어 있으니 최신일자인지 꼭 확인하세요.

- 4 -
김을
활용한 편스토랑
레시피

김

명란김곰탕면(108쪽), 으메~맛있는 거! 김자반비빔밥!(34쪽), 김돈가스(212쪽)

좋은 김 구매하는 방법

이물질이 없고 신선하며 빛깔이 검고 윤기가 흐르는 것이 좋아요.
눌렀을 때 원상태로 돌아오는 것이 품질이 좋은 상태랍니다.
보라색을 띠는 것은 오래된 김이니 피하는 것이 좋아요.

- 5 -
수박을
활용한 편스토랑
레시피

수박

수박 라테(192쪽), 수박 모히토(194쪽)

맛있는 수박 구매하는 방법

1. **손바닥으로 두들겨보세요.**
   수박을 두드렸을 때 맑은 고음이 나는 것이 좋아요.
   소리가 둔탁하게 느껴진다면 속이 갈라져 있을 가능성이 커요.
2. **모양을 확인하세요.**
   타원형의 수박은 밍밍하고 연한 맛을 가지고 있어요.
   굴곡 없이 동글동글한 원형의 수박을 고르는 것이 좋아요.
3. **꼭지와 배꼽 크기를 확인하세요.**
   배꼽이 작을 수록 좋은 수박이에요.
   배꼽이 큰 수박은 속에 심이 생겨 식감이 좋지 않아요.
4. **갈색 선이 많은 것을 찾으세요.**
   수박 아래 배꼽 부분에 갈색선, 갈색 주름이 많이 있는 수박은 벌이 많이 찾은 흔적이에요
   그만큼 당도가 높다는 것을 의미해요.
5. **하얀 분말이 많은 것을 구입하세요.**
   수박에 묻어 있는 하얀 분말은 농약이 아니라 수박에서 나오는 당분이에요.
   햇볕을 많이 받은 수박일수록 당도가 높아져 가루가 많이 묻어 있어요.

- 6 -
전복을
활용한 편스토랑
레시피

전복

전복감태김밥(28쪽), 전복잡채(84쪽), 전복내장라면(98쪽), 전복찢면(106쪽),
명란멘보사(154쪽), 연.정.쌈(158쪽), 쯤(168쪽)

전복 손질하는 방법

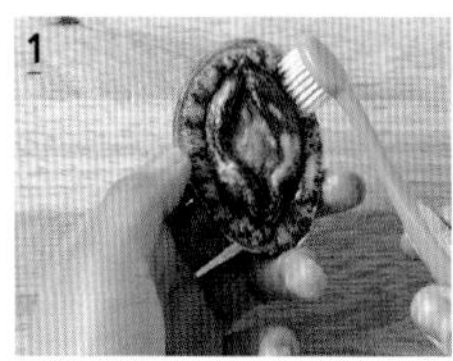

1. 껍데기를 아래쪽으로 놓고 살에 설탕을 뿌려 솔로 문질러 씻고,
   ↘ 살을 부드럽게 유지하면서 이물질과 점액을 제거할 수 있어요.
2. 껍데기와 살 사이로 숟가락을 밀어 넣어 살을 분리하고,
3. 관자 주위의 막을 가위로 잘라내고,
4. 붉은 이빨은 양손으로 꾹 눌러 제거해 마무리.

- 7 -

새우를
활용한 편스토랑
레시피

새우

태안탕면(102쪽), 표고샤(150쪽), 명란멘보샤(154쪽), 새우 품은 미트볼(200쪽)

새우 손질하는 방법

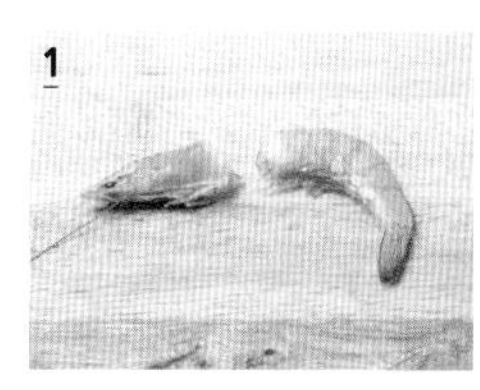

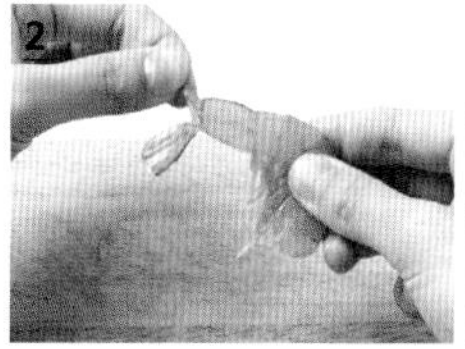

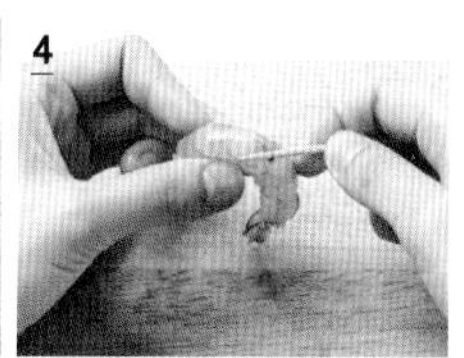

1. 새우 머리를 비틀어 제거하고,
2. 꼬리 위쪽의 작은 삼각형 모양의 물총을 떼고,
3. 꼬리 쪽 마지막 마디만 남기고 껍질을 벗기고,
4. 두 번째 마디에 꼬치를 끼워 내장을 빼 마무리.

- 8 -

감자를
활용한 편스토랑
레시피

감자

마짜면&알리고치즈감자(114쪽), 묵은지 감자떡(144쪽),
포테이토 드림(172쪽), 시크한 호떡(240쪽)

감자 보관하는 방법

1. **햇빛을 차단해주세요.**
   신문지나 키친타월로 잘 싸서 냉장고가 아닌 서늘한 곳에 보관하세요.
   햇빛을 받으면 솔라닌이라는 독성분이 생겨요.
2. **푸른 부분은 도려내요.**
   햇빛을 받아 푸르게 생겨난 독성분 솔라닌은 식중독을 일으켜요.
   조리 시 푸르게 변한 부분을 도려내 주세요.
3. **사과와 함께 보관하세요.**
   사과 1개에서 발생하는 에틸렌 가스가 감자 10kg 정도에
   싹이 나는 것을 막아줘요.

쉽고 편리한 계량법 1

밥숟가락으로 쉽게 **계량하기**

가루 분량 재기

설탕(1)

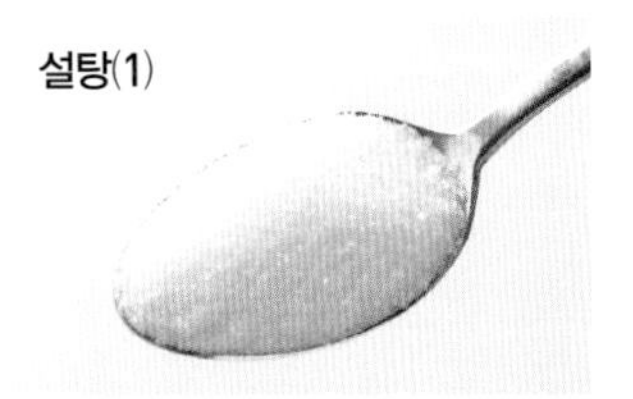

숟가락으로 수북이 떠서 위로 볼록하게 올라오도록 담아요.

설탕(0.5)

숟가락의 절반 정도만 볼록하게 담아요.

설탕(0.3)

숟가락의 $\frac{1}{3}$정도만 볼록하게 담아요.

다진 재료 분량 재기

다진 마늘(1)

숟가락으로 수북이 떠서 꼭꼭 담아요.

다진 마늘(0.5)

숟가락의 절반 정도만 꼭꼭 담아요.

다진 마늘(0.3)

숟가락의 $\frac{1}{3}$정도만 꼭꼭 담아요.

장류 분량 재기

고추장(1)

숟가락으로 가득 떠서 위로 볼록하게 올라오도록 담아요.

고추장(0.5)

숟가락의 절반 정도만 볼록하게 담아요.

고추장(0.3)

숟가락의 $\frac{1}{3}$정도만 볼록하게 담아요.

액체 분량 재기

간장(1)

숟가락 한가득 찰랑거리게 담아요.

간장(0.5)

숟가락의 가장자리가 보이도록 절반 정도만 담아요.

간장(0.3)

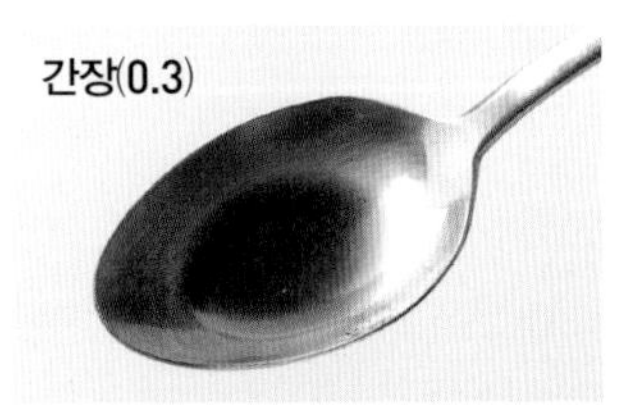

숟가락의 $\frac{1}{3}$정도만 담아요.

쉽고 편리한 계량법 2

손, 종이컵으로 눈대중 계량하기

손으로 분량 재기

콩나물
(1줌)
손으로 자연스럽게 한가득 쥐어요.

시금치
(1줌)
손으로 자연스럽게 한가득 쥐어요.

국수
(1줌=1인분)
500원 동전 굵기로 가볍게 쥐어요.

종이컵으로 분량 재기

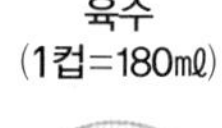
육수
(1컵=180㎖)

종이컵에 가득 담아요.

육수
(1컵=90㎖)
종이컵의 절반만 담아요.

밀가루
(1컵=100g)

종이컵에 가득 담아 윗면을 깎아요.

다진 양파
(1컵=110g)

종이컵에 가득 담아 윗면을 깎아요.

아몬드($\frac{1}{2}$컵)

종이컵의 절반만 담아요.

멸치(1컵)
종이컵에 가득 담아요.

눈대중으로 분량 재기

애호박($\frac{1}{2}$개=100g)

양파($\frac{1}{4}$개=50g)

무(1토막=150g)

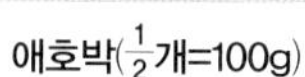

당근($\frac{1}{2}$개=100g)

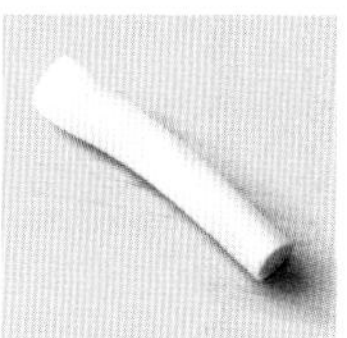
대파 흰 부분
(1대=10cm)

돼지고기
(1토막=200g)

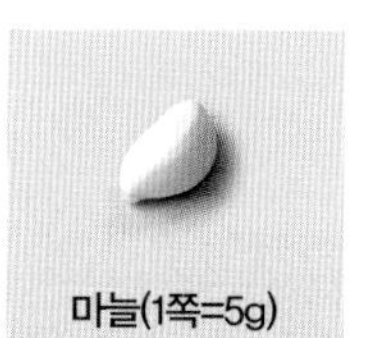
마늘(1쪽=5g)

생강(1톨=7g)

'+' 표시의 의미

양념장, 소스, 드레싱 음식을 만들기 전에 미리 섞어 놓으면 좋아요. 미리 섞어두면 숙성되면서 맛이 어우러져 더 깊은 맛을 내거든요. 재료에 +로 표시되어 있다면 미리 섞어두세요.

그 외 알아두기

약간 소금이나 후춧가루 등을 약간 넣었다면 엄지와 검지로 살짝 집은 정도를 말해요.

필수 재료 필수 재료는 음식을 만들기 위해서 꼭 필요한 재료를 말해요.

선택 재료 선택 재료는 있으면 좋지만 없어도 기본적인 맛을 내는데는 크게 영향을 끼치지 않는 재료를 말해요. 다른 비슷한 재료로 바꾸거나 생략이 가능해요.

양념 다진 마늘, 간장, 고추장, 식초, 설탕 등 요리의 맛을 내기 위해서 쓰이는 재료를 말해요.

신상출시 편스토랑 사용설명서

레시피를
따라하기 전에
꼭 읽어보세요!

2 인분

필수 재료

전복(8개)
양파($\frac{1}{2}$개)
당근($\frac{1}{8}$개)
시금치(1줌)
고추장아찌(2개)
달걀(1개)
다진 양파($\frac{2}{3}$개)
밥(1공기)
구운김태(2장)
김밥용 단무지(1줄)
김밥용 우엉(1줄)

양념장

+ 맛술(0.5)
+ 국간장(1)
+ 간장(1)
+ 매실청(1)
+ 식초(0.5)
+ 올리고당(2)
+ 들기름(0.5)
+ 참기름(0.5)

양념

다진 마늘(2.5)
부침가루(2)
소금(1)
참기름(0.8)
참깨(0.3)
식초(1)

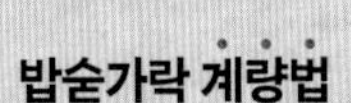

밥숟가락 계량법

이밥차만의 밥숟가락 계량법으로
더 쉽게! 더 자세한 내용은 18페이지를
확인해주세요.

1 전복은 내장과 이빨을 제거하여 1.2cm 두께로 납작 썰고, 내장은 잘게 다지고,

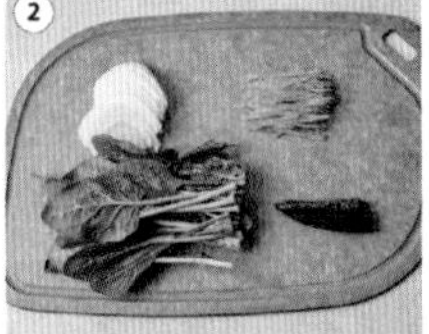

2 양파와 당근은 채 썰고, 시금치는 밑동을 제거하고, 고추장아찌는 세로로 길게 반 자르고,

3 중간 불로 달군 팬에 식용유(1)를 둘러 다진 마늘(2.5)을 넣어 1분간 볶고,

세밀하고 촘촘한 과정컷

요리 초보를 위해 레시피 과정을
빠짐 없이 사진으로 담았어요.

4 손질한 전복을 넣어 3분간 볶고,

5 **양념장**(3)을 넣어 1분간 볶은 뒤 채 썬 양파를 넣어 1분간 볶고,

6 끓는 소금물(물3컵+소금0.2)에 손질한 시금치를 넣어 1분간 데친 뒤, 찬물에 헹궈 체에 밭쳐 물기를 제거하고,

분량

완성된 음식의 양이에요.
'n 인분'으로 적혀 있어요.

데친 시금치에 소금(0.2), 참기름(0.3), 참깨(0.3)를 넣어 무치고,

다진 전복내장에 달걀, 다진 양파, 부침가루(2), 소금(0.2)을 섞고,

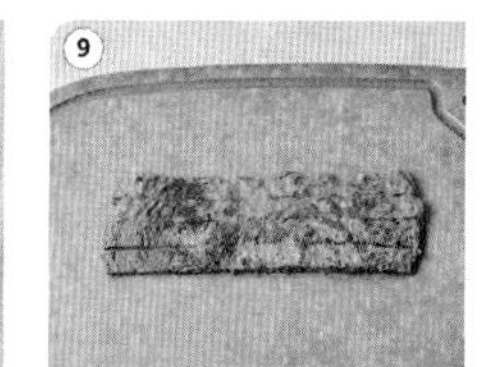

중간 불로 달군 팬에 식용유(1)를 두른 뒤 달걀지단을 부쳐, 1cm 두께로 길게 썰고,

중간 불로 달군 팬에 채 썬 당근을 넣어 2분간 볶다가 식초(1)를 넣고 1분간 볶고,

밥에 참기름(0.5), 소금(0.4)을 넣어 간을 하고,

구운 감태(2장)위에 밥을 넓게 깔고 전복 → 달걀지단 → 시금치 → 당근 → 고추장아찌 → 김밥용 단무지 → 김밥용 우엉 순으로 올려 말아 마무리.

↖ 김발 위에 랩을 깔고 말면 감태가 잘 고정돼요.

요리팁

요리 과정에 도움이 되는 세세한 가이드예요.

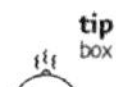

tip box **달콤한 이끼, 감태** 甘苔

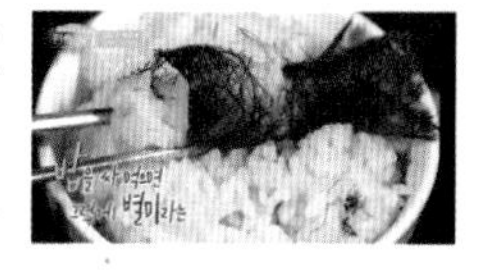

이름 뜻 그대로 감태는 바다의 사탕이라고 할 정도로 달고 진한 향을 가지고 있어요. 건강과 미용에 탁월한 해조류 중에서도 특히 감태는 세포의 파괴나 노화를 예방해줘요. 이에 더해 치매 예방에도 도움이 되는데 감태에 함유된 '에클로탄닌'이라는 성분을 치매 환자에게 투여한 결과 정상적인 생활이 가능해졌다는 연구 결과로 그 효능이 입증되었어요. 그뿐만 아니라 불면증 완화와 항암 효과도 있다고 하니 바다의 보물이 아닐 수 없죠?
감태는 김이나 쌈채소 대신 사용할 수 있어 활용도가 높은 해조류랍니다. 김밥, 월남쌈, 주먹밥, 달걀말이 등 여러 다양한 요리에 활용하기 좋아요.

tip box

음식에 대한 소개와 재료 손질, 부재료 레시피 등을 추가적으로 담았어요.

곤드레 두유아란치니

뉴트롤

전복감태김밥

꼬꼬밥(간장맛 & 마라맛)

으메~ 맛있는 거! 김자반비빔밥

19금 볶음밥

들고 먹는 오믈렛

묵은지 돼지구이 덮밥

업!덕밥(오리덮밥)

한여름 밤의 스테이크 비빔밥

육우초밥

마라샹궈 밥만두

3단 컵밥

일우와~ 쌈밥 먹자 꽈리고추멸치쌈밥

3분 레드카레

아보카도 밥버거

하와이안 주먹밥

꼬꼬치밥

신상출시 편스토랑

1 밥코너

"

한국인의 주식!

편스토랑이 만드는 밥심

"

신상출시 편스토랑

곤드레 두유아란치니

한입에 쏙! 들어가도록 간편하게 만들었어요.
곤드레밥이 들어가 식사 대용으로 안성맞춤!
고소한 우유와 생크림을 갈아서 만든 소스를 곁들여 포만감 상승!

4
인분

필수 재료

총알버섯(2컵)
우유(2컵)
생크림(2컵)
양송이버섯(3개)
양파($\frac{1}{4}$개)
곤드레밥(1팩)
무가당 두유(1컵)
슬라이스 체더치즈(2장)
밀가루(3컵)
달걀물(5개 분량)
빵가루(3컵)

양념

버터(2)
올리브유(1)
소금(0.4)
후춧가루(0.2)

1

중간 불로 달군 팬에 버터(2)와 올리브유(1)를 두른 뒤 총알버섯을 넣어 2분간 볶고,

2

우유와 생크림을 넣고 소금(0.4)으로 간해 15분간 끓인 뒤 믹서에 붓고 곱게 갈아 소스를 만들고,

3
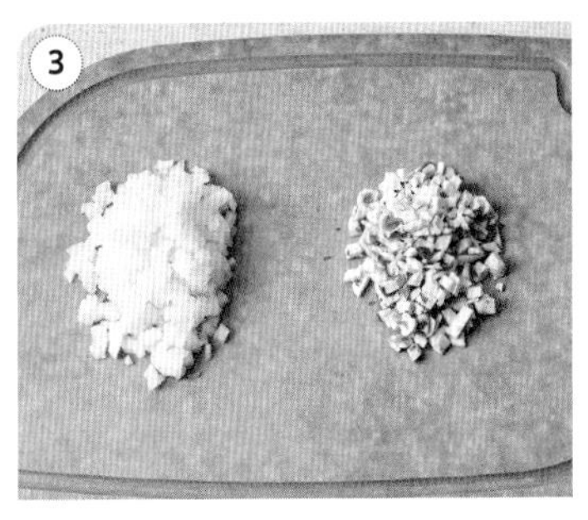
양송이버섯과 양파는 잘게 다지고,

4

곤드레밥의 곤드레나물은 먹기 좋게 잘게 자르고,

5

중간 불로 달군 팬에 식용유(1.5)를 두른 뒤 손질한 양송이버섯, 양파, 곤드레밥을 넣어 3분간 볶고,

6

두유와 후춧가루(0.2)를 넣은 뒤 체더치즈를 넣어 고루 섞고,

7
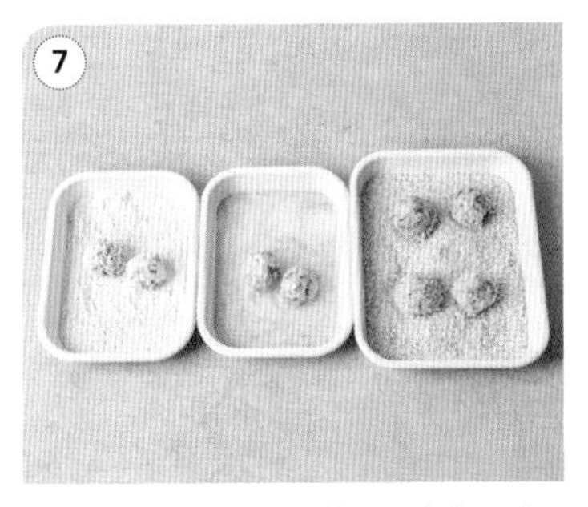
불을 끄고 한 김 식힌 뒤 동그랗게 뭉쳐 밀가루 → 달걀물 → 빵가루 순으로 묻히고,

8

중간 불로 달군 팬에 식용유(1컵)를 넣고 겉이 노릇해질 때까지 튀겨 곤드레 두유아란치니를 만들고,

9

튀긴 곤드레 두유아란치니에 버섯크림소스를 곁들여 마무리.

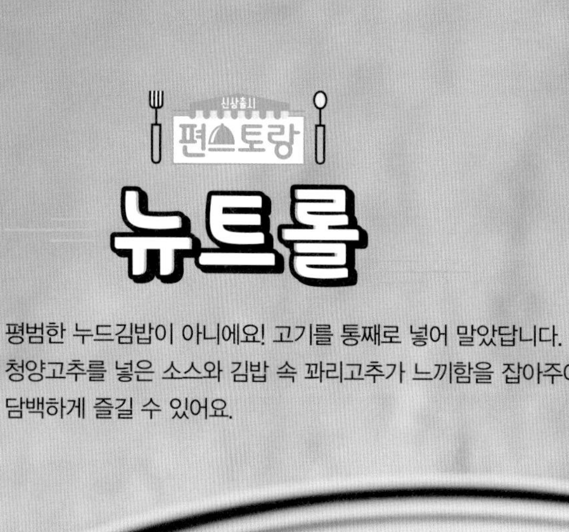

뉴트롤

평범한 누드김밥이 아니에요! 고기를 통째로 넣어 말았답니다.
청양고추를 넣은 소스와 김밥 속 꽈리고추가 느끼함을 잡아주어
담백하게 즐길 수 있어요.

필수 재료

꽈리고추(8개)
대파 흰 부분(10cm, 4대)
당근($\frac{1}{2}$개)
넓적한 목살(0.7cm 두께, 4장) ↖ 목살의 두꺼운 부분은 요리용 망치를 이용해 펴주세요.
우엉조림(1컵)
양파($\frac{1}{4}$개)
사과($\frac{1}{3}$개)
키위($\frac{1}{3}$개)
흰쌀밥(2.5공기)
체더치즈(4장)

양념장

+ 간 생강(0.5)
+ 다진 마늘(0.5)
+ 국간장(3)
+ 진간장(3)
+ 매실액(2)
+ 맛술(1)
+ 물엿(2)
+ 참기름(1.5)

양념

후춧가루(약간)
참기름(0.5)
들기름(1)
깨(0.5)
포도씨유(3)

유자마요소스

청양고추(3개)
마요네즈(4)
유자청(2)
양조간장(1.5)

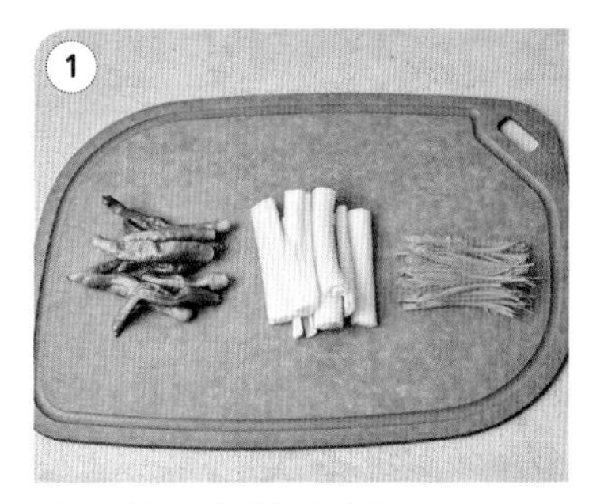

꽈리고추는 꼭지를 제거하고,
대파 흰 부분은 세로로 길게 반 가르고,
당근은 채 썰고,

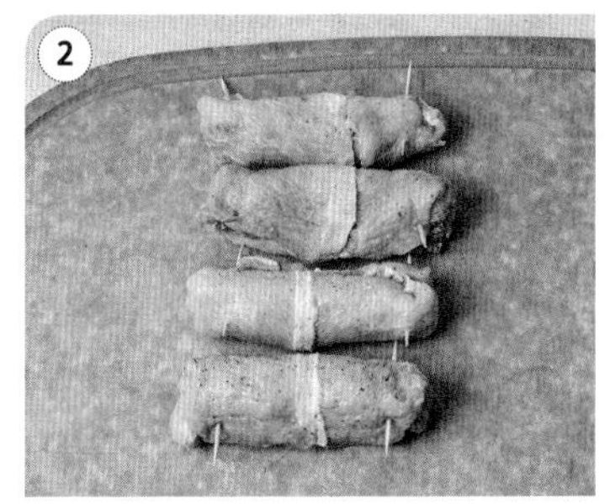

목살 위에 꽈리고추(1개), 대파, 당근,
우엉조림을 올려 김밥처럼 말고,
나무 꼬치로 꽂아 고정한 뒤 후춧가루를
뿌리고,

양파, 사과, 키위를 갈아,
양념장에 물(5)과 함께 넣어 섞고,

냄비에 ③의 양념장을 부은 뒤,
고기말이를 넣고 뚜껑을 덮어 15분 이상
굽고, ← 소스가 골고루 잘 배도록 중간중간 굴려주세요.

흰쌀밥에 참기름(0.5), 들기름(1),
깨(0.5)를 넣어 간을 하고,

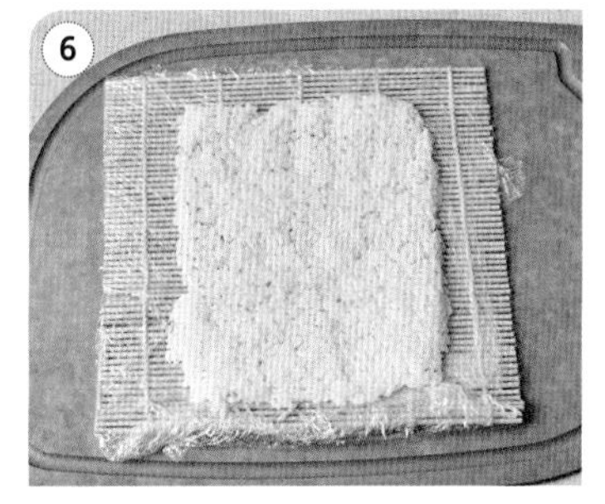

김발 위에 랩을 깔고 밥을 한 주먹 올려
얇게 펴고,

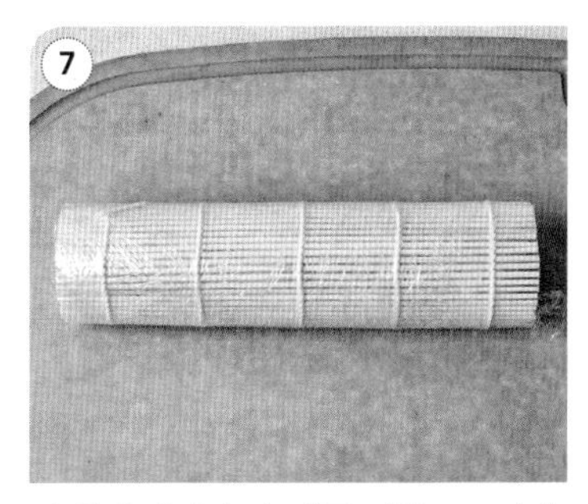

밥 위에 체더치즈(1장)를 절반으로 잘라
길게 놓고, 구워둔 고기말이를 올려
누드김밥처럼 말고,

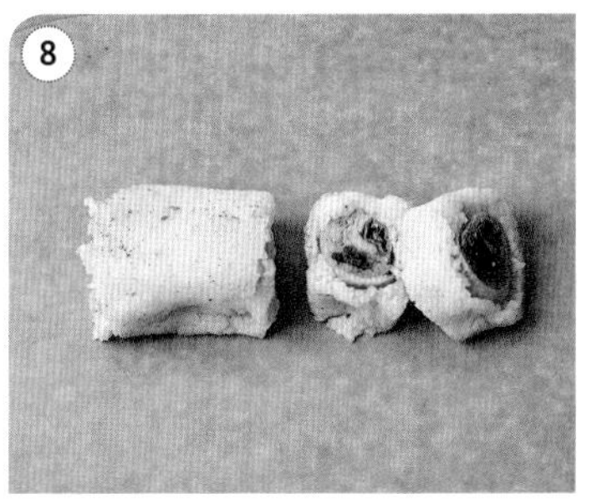

중간 불로 달군 팬에 포도씨유(3)를 넣고
밥의 겉면이 노릇해지게 구운 후
한입 크기로 썰고,

청양고추(3개)를 다져서 섞은
유자마요소스를 곁들여 마무리.

신상출시 편스토랑

전복감태김밥

짭조름한 전복내장으로 만든 달걀지단을 넣어 고급스러움을 살리고
바다내음 가득한 감태를 사용해 새로운 형태의 김밥을 완성했어요!

필수 재료

전복(8개)
양파($\frac{1}{2}$개)
당근($\frac{1}{8}$개)
시금치(1줌)
고추장아찌(2개)
달걀(1개)
다진 양파($\frac{2}{3}$개)
밥(1공기)
구운감태(2장)
김밥용 단무지(1줄)
김밥용 우엉(1줄)

양념장

+ 맛술(0.5)
+ 국간장(1)
+ 간장(1)
+ 매실청(1)
+ 식초(0.5)
+ 올리고당(2)
+ 들기름(0.5)
+ 참기름(0.5)

양념

다진 마늘(2.5)
부침가루(2)
소금(1)
참기름(0.8)
참깨(0.3)
식초(1)

전복은 내장과 이빨을 제거하여 1.2cm 두께로 납작 썰고, 내장은 잘게 다지고,

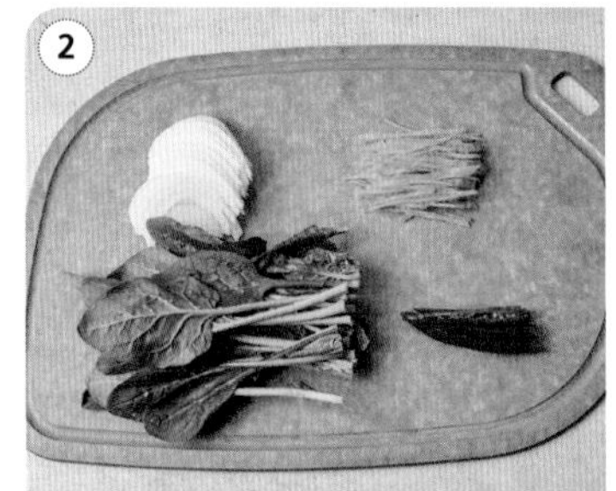

양파와 당근은 채 썰고, 시금치는 밑동을 제거하고, 고추장아찌는 세로로 길게 반 자르고,

중간 불로 달군 팬에 식용유(1)를 둘러 다진 마늘(2.5)을 넣어 1분간 볶고,

손질한 전복을 넣어 3분간 볶고,

양념장(3)을 넣어 1분간 볶은 뒤 채 썬 양파를 넣어 1분간 볶고,

끓는 소금물(물3컵+소금0.2)에 손질한 시금치를 넣어 1분간 데친 뒤, 찬물에 헹궈 체에 밭쳐 물기를 제거하고,

데친 시금치에 소금(0.2), 참기름(0.3), 참깨(0.3)를 넣어 무치고,

다진 전복내장에 달걀, 다진 양파, 부침가루(2), 소금(0.2)을 섞고,

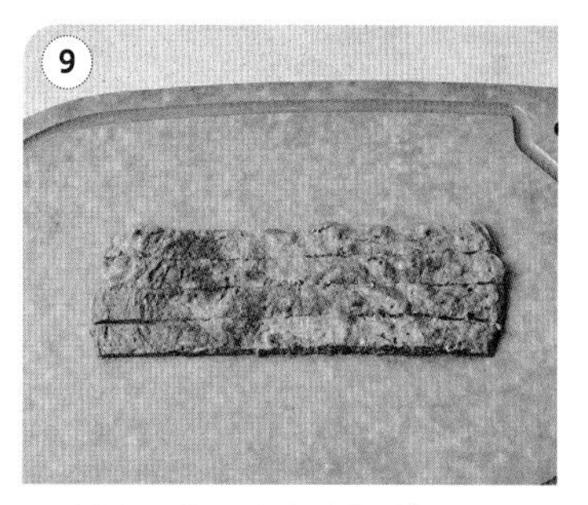

중간 불로 달군 팬에 식용유(1)를 두른 뒤 달걀지단을 부쳐, 1cm 두께로 길게 썰고,

중간 불로 달군 팬에 채 썬 당근을 넣어 2분간 볶다가 식초(1)를 넣고 1분간 볶고,

밥에 참기름(0.5), 소금(0.4)을 넣어 간을 하고,

구운 감태(2장)위에 밥을 넓게 깔고
전복 → 달걀지단 → 시금치 → 당근 → 고추장아찌 → 김밥용 단무지 → 김밥용 우엉 순으로 올려 말아 마무리.

↖ 김발 위에 랩을 깔고 말면 감태가 잘 고정돼요.

tip box 달콤한 이끼, 감태甘苔

이름 뜻 그대로 감태는 바다의 사탕이라고 할 정도로 달고 진한 향을 가지고 있어요. 건강과 미용에 탁월한 해조류 중에서도 특히 감태는 세포의 파괴나 노화를 예방해줘요. 이에 더해 치매 예방에도 도움이 되는데 감태에 함유된 '에클로탄닌'이라는 성분을 치매 환자에게 투여한 결과 정상적인 생활이 가능해졌다는 연구 결과로 그 효능이 입증되었어요. 그뿐만 아니라 불면증 완화와 항암 효과도 있다고 하니 바다의 보물이 아닐 수 없죠?

감태는 김이나 쌈채소 대신 사용할 수 있어 활용도가 높은 해조류랍니다. 김밥, 월남쌈, 주먹밥, 달걀말이 등 여러 다양한 요리에 활용하기 좋아요.

신랑 출시 편스토랑

꼬꼬밥(간장맛 & 마라맛)

입맛대로 골라 먹는 재미가 있는 꼬꼬밥!
오늘은 짭조름한 간장을! 내일은 알싸한 마라를!
바삭한 마늘플레이크가 올라가 감칠맛을 살려줘요.

2인분

필수 재료

닭고기(다릿살, 가슴살, 안심살 각 25g)
밥(2공기)
양파 플레이크(25g)

갈비 양념장

+ 황설탕($1\frac{3}{4}$컵)
+ 간장(1컵)
+ 물엿($\frac{1}{2}$컵)
+ 핫소스(0.3)
+ 생강즙(1)
+ 다진 마늘(1.5)
+ 후춧가루(약간)

마라 양념장

+ 고운 고춧가루(4)
+ 팔각분(0.3) ↖ 육류의 느끼함과 누린내를 없애고, 독특한 향기로 맛을 살리는 향신료에요.
+ 물엿($\frac{1}{2}$컵)
+ 굴소스(2.5)
+ 꿀(1)
+ 생강즙(2)
+ 다진 마늘(2.3)
+ 마자오(0.2)
+ 화자오(0.2) ↖ 마라양념에 사용되는 중국식 향신료에요.
+ 고추기름($\frac{1}{2}$컵)

마라마요소스

마라소스(50g)
마요네즈(150g)

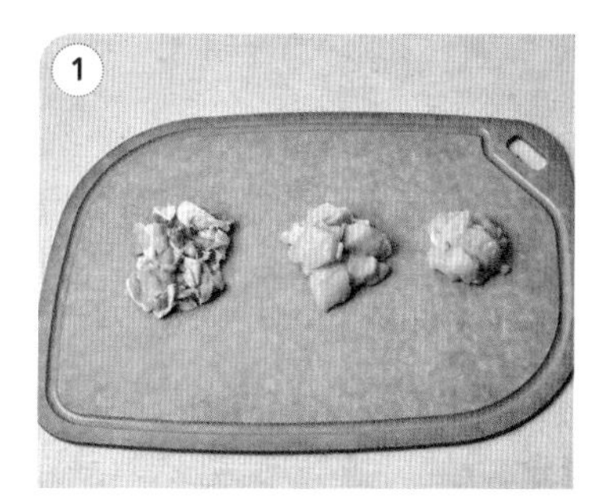

1 닭고기는 각 부위별로 한입 크기로 썰고,

2 **갈비 양념장**과 **마라 양념장**을 각각 팬에 넣고 5분간 끓인 뒤 한 김 식히고,

3 중간 불로 달군 팬에 식용유(2)를 두른 뒤 손질한 닭고기($\frac{1}{2}$분량)와 갈비 양념장(1)을 넣어 볶고, ↖ 양념은 기호에 맞게 조절해요.

4 중간 불로 달군 다른 팬에 식용유(2)를 두른 뒤 나머지 닭고기($\frac{1}{2}$분량)와 마라 양념장(1)을 넣어 볶고,
↖ 간이 더 잘 배도록 닭고기를 양념에 미리 10분간 재운 뒤 볶아도 좋아요.

5 그릇 2개에 밥을 1공기씩 담은 뒤 갈비 양념 닭고기와 마라 양념 닭고기를 각각 올리고, **마라마요소스**를 고기 위에 뿌리고, ↖ 소스는 기호에 맞게 조절해요.

6 양파 플레이크를 뿌려 마무리. OK

신상출시 편스토랑

으메~ 맛있는 거!

김자반비빔밥

만능 반찬 김자반만 있어도 한 그릇 뚝딱 해치울 수 있죠!
김자반에 매콤하고 개운한 소스를 더하니 밥이 계속 들어가요!

필수 재료

건새우(40g)
건표고버섯(20g)
밥(1공기)
김자반(1)

양념

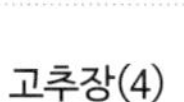

다진 대파(2컵)
다진 양파($\frac{3}{4}$컵)
다진 마늘(4)
다진 생강(1.5)
해바라기씨유 ($1\frac{1}{3}$컵)
고춧가루($\frac{1}{3}$컵)
베트남 고춧가루(1.5)
고추장(4)
간장(3)
설탕(1)
참기름($\frac{2}{3}$컵)

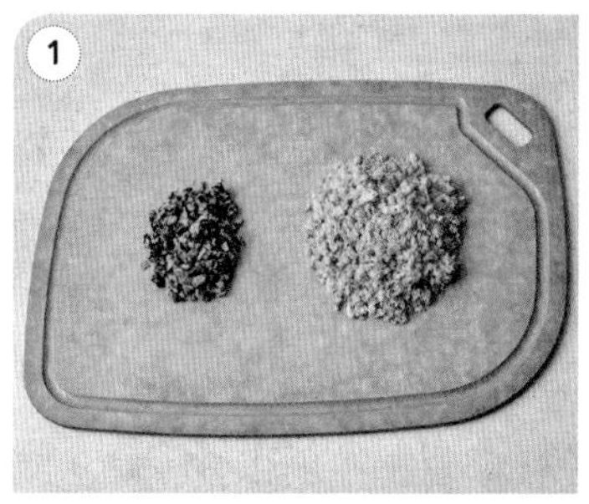

1 건새우, 건표고버섯은 미지근한 물에 30분간 불린 뒤 꽉 짜서 잘게 썰고,

2 불린 재료에 다진 대파, 다진 양파, 다진 생강, 다진 마늘, 해바라기씨유를 중간 불로 달군 팬에 넣고 15분간 끓이고,

3 끓으면 고춧가루, 베트남 고춧가루를 넣고 3분간 볶아 고추기름을 내고,

4 고추장, 간장, 설탕, 참기름을 넣어 5분간 섞고, 불을 끄고 식혀 라유장을 만들고,

5 밥을 그릇에 담고 라유장과 김자반(1)을 올려 마무리.

↖ 양념장은 기호에 맞게 조절해요.

신상출시 편스토랑

19금 볶음밥

매운 어묵 볶음밥

아이들은 가라~ 화끈하게 매워 어른들만 먹을 수 있다는 19금 볶음밥!
어묵, 김치, 오돌뼈, 닭발. 무려 네 가지의 선택지에 모양도 제각각!
취향대로 골라서 즐겨보세요!

1 인분

필수 재료

사각 어묵(1장)
밥(1공기)

양념장

+ 설탕(0.3)
+ 고춧가루(0.5)
+ 물(1)
+ 맛술(약간)
+ 간장(0.5)
+ 참치액(0.3)
+ 다진 마늘(0.3)
+ 다진 파(0.5)
+ 다진 청양고추($\frac{1}{2}$개)
+ 참기름(약간)

양념

물엿(0.3)
참깨(약간)

1 어묵은 끓는 물에 30초간 데쳐 건진 뒤 돌돌 말아 얇게 채 썰고,

2 **양념장**을 만들고,

3 중간 불로 달군 팬에 채 썬 어묵과 양념장을 넣어 센 불로 올리고,

4 양념장이 끓어오르면 중간 불로 줄여 골고루 섞어가며 2분간 볶고,

5 **양념**을 넣어 고루 섞은 뒤 밥을 넣어 2분간 볶고,

6 매운 어묵 볶음밥을 도넛 팬에 넣고 앞뒤로 2분간 구워 마무리.

신상출시 편스토랑

19금 볶음밥

김치 치즈 볶음밥

필수 재료

묵은지(50g)
밥(1공기)
슈레드 모차렐라치즈(약간)

양념

다진 파(0.5)
설탕(0.3)
고춧가루(0.3)
참치액(0.3)
참기름(0.3)
참깨(0.3)

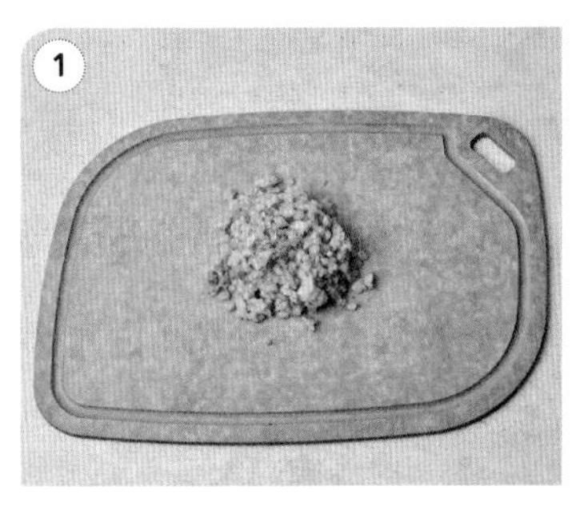

묵은지는 김칫국물을 꽉 짠 뒤 잘게 썰고,

약한 불로 달군 팬에 식용유(0.3)를 두른 뒤 다진 파(0.5)를 넣어 2~3분간 볶아 파기름을 내고,

잘게 썬 김치와 설탕(0.3), 고춧가루(0.3), 참치액(0.3)을 넣어 3분간 볶고,

밥을 넣어 고슬고슬하게 볶다가 참기름(0.3), 참깨(0.3)를 넣고,

별모양 팬에 김치볶음밥과 슈레드 모차렐라치즈를 넣고 치즈가 녹을 때까지 익혀 마무리.

신상출시 편스토랑

19금 볶음밥

오돌뼈 볶음밥 구이

1 인분

필수 재료

대파(5cm)
달걀(1개)
시판 오돌뼈(150g)
밥(1공기)

양념

참깨(0.3)
참기름(0.3)

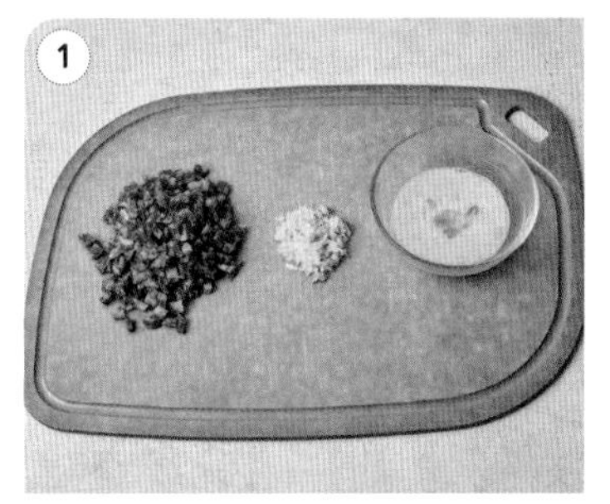

오돌뼈는 잘게 썰고, 대파도 잘게 썰고, 달걀은 곱게 풀고,

중간 불로 달군 팬에 파를 볶아 파기름을 내고, 오돌뼈를 넣어 2~3분간 볶고,

밥을 넣어 볶고, **양념**을 넣어 고루 섞고,

오돌뼈 볶음밥을 주먹 크기로 뭉쳐 달걀물에 살짝 담갔다 꺼내고,

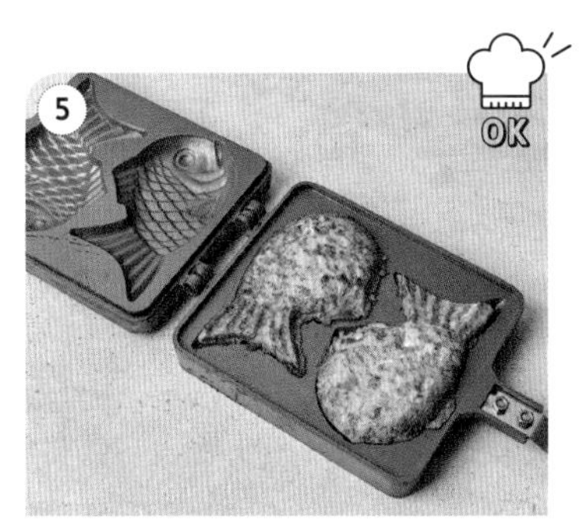

OK

붕어빵 모양 팬에 식용유를 바른 뒤 오돌뼈 볶음밥을 넣고 앞뒤로 2분간 익혀 마무리.

19금 볶음밥

닭발 볶음밥

필수 재료

시판 무뼈닭발(160g)
밥(1공기)
슈레드 모차렐라치즈(약간)

양념

참깨(0.3)
참기름(0.6)

1 시판 무뼈닭발은 숯불에 타지 않게 한 번 더 구워 불맛을 입히고,

2 불맛을 입힌 닭발은 가위로 잘게 자르고,

3 중간 불로 달군 팬에 잘게 썬 닭발과 밥, **양념**을 넣어 고루 볶고,

4 닭발 볶음밥에 슈레드 모차렐라치즈를 넣고 하트 모양 팬에 2분간 구워 마무리.

신상출시 편스토랑

들고 먹는 오믈렛

숟가락은 가라! 들고 먹을 수 있는 오믈렛이에요.
두툼한 달걀장벽으로 내용물이 흐를 염려가 전혀 없답니다.
달래와 냉이를 넣어 봄 내음 그득한 볶음밥까지, 완벽한 한 끼 식사네요!

필수 재료

달래(2줌=160g)
냉이(2줌=160g)
대파(2대)
영양부추($\frac{1}{2}$줌)
청양고추(4개)
홍고추(4개)

↖ 달래, 냉이, 대파, 고추는 2가지 볶음밥에 반씩 나눠서 쓰여요.

맛살(8개)
돼지고기(불고기용, 500g)
달걀(14개)
밥(3공기)
우유($\frac{1}{2}$컵)

양념

소금(1.4)
후춧가루(0.8)
참기름(1)
청주(1)

달래와 냉이는 살짝 데쳐 잘게 썰고, 대파와 영양부추는 잘게 다지고, 고추는 씨를 제거해 잘게 다지고, 맛살은 큼직하게 썰고,

돼지고기는 잘게 다져 소금(0.5), 후춧가루(0.5), 참기름(1)으로 밑간하고,

↖ 참기름이 돼지고기를 부드럽게 하고 누린내를 잡아줘요.

달걀(4개)은 소금(0.3)을 넣어 고루 섞어 달걀물을 만들고,

↖ 청주(1)나 참기름(1)을 넣으면 달걀의 비린내를 잡을 수 있어요.

중간 불로 달군 팬에 식용유(4)를 두른 뒤 달걀물을 부어 4분간 스크램블드에그를 만들고,

달걀이 반 정도 익으면 밥(1.5공기)을 넣어 2분간 볶고, 소금(0.3), 후춧가루(0.3)를 넣어 간을 하고,

중간 불로 달군 팬을 2개 준비해 각각 식용유(2)를 두른 뒤 다진 대파를 반씩 넣어 2분간 볶고,

잘게 썬 달래와 냉이, 다진 고추를 반씩 넣어 1분간 볶고,

↖ 달래와 냉이의 향이 사라지지 않도록 빠르게 볶아요.

한쪽 팬에 맛살과 달걀볶음밥을 넣어 볶고,

다른 팬에 밑간한 돼지고기와 청주(1)를 넣어 3분간 볶은 뒤 밥(1.5공기)을 넣어 볶고,

달걀(10개)은 소금(0.3)과 우유($\frac{1}{2}$컵)를
넣어 고루 풀고,

중간 불로 달군 팬에 식용유(3)를
두른 뒤 달걀 물을 붓고,

달걀 위에 볶음밥을 올린 뒤 말고,
다시 달걀물을 붓고,

달걀물을 부어 마는 과정을 5~7번
반복하고,

↖ 크랩 맛살 볶음밥과 돼지고기볶음밥을
각각 말아요.

두툼하게 말아진 오믈렛을 반으로 썰어
그릇에 담고 영양부추를 올려 마무리.

↖ 영양부추는 잘게 썰어 올렸어요.

편토랑

묵은지 돼지구이 덮밥

오랜 시간 묵직하게 익혀 그 자체로 별미가 되는 묵은지와 돼지고기가 만났어요.
간편하게 뚝딱 만들어 소박해 보이지만 맛은 정말 좋답니다!

1 인분

필수 재료

국물용 멸치(1줌)
묵은지($\frac{1}{2}$포기)
돼지고기(갈매기살, 삼겹살, 목살, 앞다릿살 각 50g) ↖ 돼지고기는 우삼겹처럼 얇게 썰어 준비해요.
영양부추(1줌)
밥(1공기)

선택 재료

검은깨(약간)
참깨(약간)

양념장

+ 배즙(2)
+ 사과즙(1)
+ 생강즙(1)
+ 게장 간장(9)
+ 매실액(1) ↖ 게장 간장 대신 일반 간장을 사용해도 좋아요.
+ 꿀(1)

양념

설탕(1)
고춧가루(0.5)
참치액(1)

국물용 멸치는 머리와 내장을 제거한 뒤 중간 불로 달군 팬에 3분간 볶아 수분을 날리고,

팬에 묵은지와 물(1컵=200ml)을 넣어 센 불에 끓이고, 설탕(1), 고춧가루(0.5), 참치액(1)으로 간을 한 뒤 끓어오르면 중간 불로 낮춰 30분간 끓이고,
↖ 물의 양은 간을 조절하며 타지 않게 조금씩 추가해요.

다른 팬에 얇게 썬 돼지고기를 앞뒤로 2분간 익혀 꺼내고,
↖ 고기는 80%만 익혀주세요.

팬의 기름기를 닦은 후 익힌 돼지고기 앞뒤로 **양념장**을 바른 뒤 3분간 익히고,
↖ 돼지고기는 붓으로 양념장을 앞뒤로 3번씩 발라 바싹 익혀요.

영양부추는 1.5~2cm 길이로 썰고, 구운 돼지고기와 묵은지찜은 한입 크기로 썰고,

그릇에 돼지구이, 묵은지, 밥을 나란히 담고 부추와 참깨를 곁들여 마무리.

신상출시 편스토랑

업!덕밥(오리덮밥)

파워 UP! 되라고 작정하고 만든 음식이에요.
사포닌이 풍부해 몸에 좋은 더'덕'과 대표 보양식 훈제오리duck까지!
영양의 완벽한 조화를 갖췄어요!

필수 재료

상황버섯(100g)
쌀(1컵)
더덕(1개)
마늘(3쪽)
대파(1대)
청고추(1개)
홍고추(1개)
훈제 오리(150g)
전분물(2)
↖ 전분물은 전분과 물을 1:1 비율로 섞어주세요.

양념

참기름(3)
매실청(0.5)
간장(0.5)
해선장(0.5) ↖ 해선장은 간장으로 대체 가능해요.
굴소스(1)
화이트 와인(2)
꿀(1)
크러쉬드 레드페퍼(1)
산초가루(약간)

1 끓는 물(2L)에 상황버섯을 넣고 중간 불에서 2시간 정도 달이고,

2 상황버섯을 건지고, 상황버섯 달인 물로 밥을 짓고,

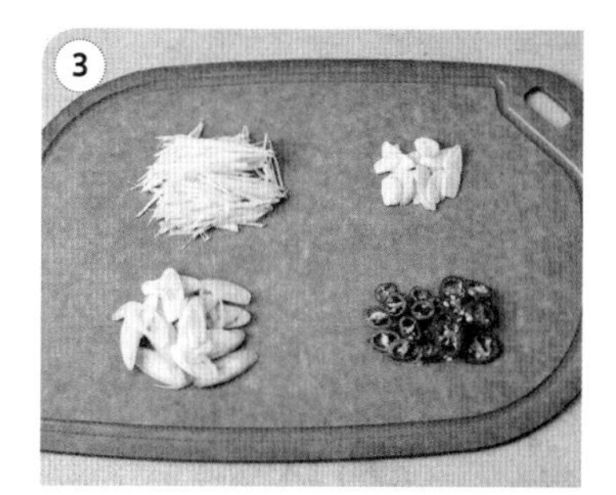
3 더덕은 가늘게 채 썰고, 마늘은 납작 썰고, 대파는 어슷 썰고, 고추는 송송 썰고,

4 더덕에 참기름(3), 매실청(0.5), 간장(0.5)을 넣어 버무리고,

5 중간 불로 달군 팬에 식용유를 두르고 파, 마늘을 넣어 볶고, 해선장(0.5)을 둘러 좀 더 볶고, ↖ 대파의 흰 부분은 고명용으로 조금 남겨두세요.

6 훈제오리를 넣어 볶고, 굴소스(1), 꿀(1), 화이트와인(2)을 넣어 볶고,

7 양념한 더덕을 넣어 볶고, 물(50ml)을 넣고 볶으면서 수분을 날리고,

8 크러쉬드 레드페퍼, 산초가루를 뿌려 볶다가 전분물(2)을 넣어 고루 섞고,

9 상황버섯밥을 그릇에 담고 훈제오리와 더덕을 번갈아 가며 올리고,

10 고추, 대파 흰 부분을 고명으로 올려 마무리.

한여름 밤의
스테이크 비빔밥

무더운 밤, 잠은 오지 않고… 이럴 때 생각나는 스테이크 비빔밥.
꿀에 절여 달콤한 양파와 담백한 소고기 스테이크가 잘 어울려요.
고추마요소스까지 더하면 느끼함도 안녕!

필수 재료

양파(1개)
양상추(½개)
부추(½줌)
소고기(스테이크용 채끝등심, 300g)
파채(½줌)
밥(1공기)
노른자장(1개)
↖ 노른자장은 달걀노른자로 대체 가능해요.

파절임 소스

매실청(0.5)
고춧가루(0.5)
멸치액젓(0.5)
참기름(0.5)
깨소금(조금)

양념

식초(1컵)
꿀(7)
올리브유(3)
소금(약간)
후춧가루(약간)
로즈메리(½줌)

고추마요소스

고추장(3)
마요네즈(4)
꿀(1.5)
참기름(0.5)
깨소금(1)
맛술(0.5)
후춧가루(0.5)

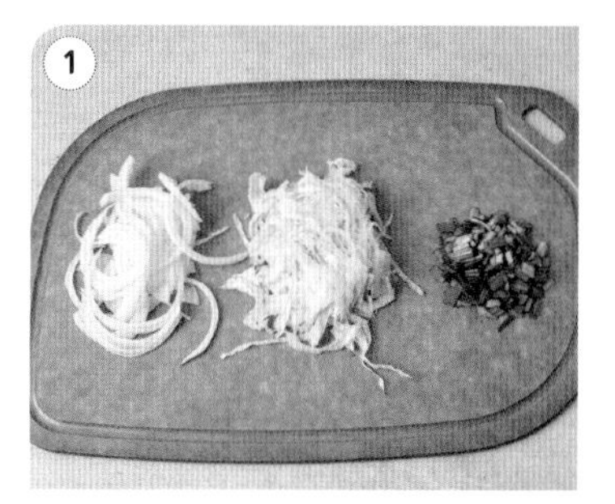

양파와 양상추는 길게 썰고, 부추는 송송 썰고,

냄비에 식초(1컵)를 넣고, 끓어오르면 양파를 넣어 뒤적이며 끓이다 양파의 숨이 죽으면 불을 끄고,

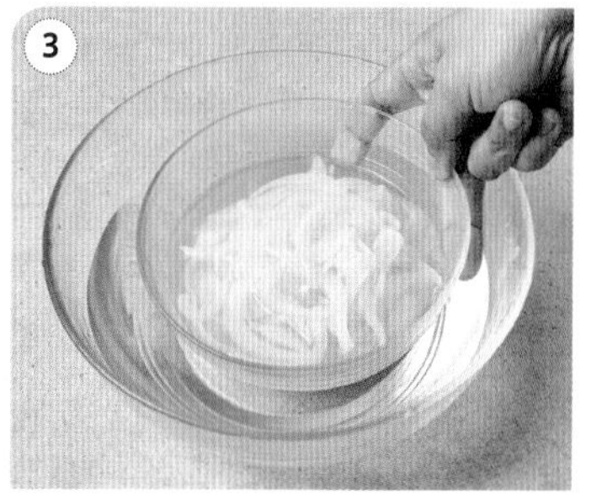

꿀(7)을 넣어 섞은 뒤 용기에 담아 바로 차가운 물로 식히고, 냉장고에 보관해 양파 꿀절임을 만들고,

소고기에 올리브유(3), 소금(약간), 후춧가루(약간), 로즈메리(½줌)를 뿌려 마리네이드하고,

달군 팬에 소고기를 올려 노릇하게 굽고,
↖ 굽기의 정도는 기호에 맞게 조절하세요.

파채에 **파절임 소스**를 넣어 골고루 섞어 파절임을 만들고,

그릇에 밥을 담고, **고추마요소스**(3)에 파절임을 넣어 섞은 뒤 밥 위에 얹고,

양상추(1줌) → 스테이크 → 양파 꿀절임 → 노른자장 순으로 쌓고,

송송 썬 부추를 고명으로 올려 마무리.

신상출시
편스토랑
육우초밥
유부 속에 꼭꼭 눌러 담은 육우볶음밥이 평범한 유부초밥에 특별함을 주었어요!
깔끔하게 장식한 장떡과 미나리는 고급스러움을 더해요.
육우초밥만의 특별 소스! 육우청양다짐장의 매력에 빠지면
못 헤어나오실 거예요!

필수 재료

미나리 줄기(약간)
육우(등심, 100g)
밥(1공기) ↖ 육우는 소고기 품종 중 하나예요.
유부초밥용 유부(10개)

선택 재료

장떡(2개)
육우청양다짐장(약간)

양념

소금(약간)
후춧가루(약간)
굴소스(2)
유부 국물(2)
참기름(1)

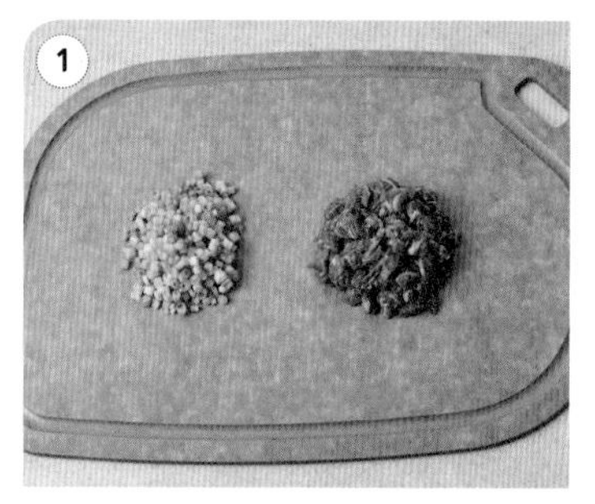

미나리 줄기는 송송 썰고, 육우는 기름기를 제거한 뒤 손톱 크기로 깍둑 썰고,

중간 불로 달군 팬에 식용유(1)를 두르고 손질한 육우와 소금, 후춧가루를 넣어 3분간 볶고,

밥과 굴소스(2)를 넣어 고루 섞일 때까지 볶고,

불을 끈 뒤 송송 썬 미나리 줄기와 유부 국물(2)을 넣어 섞고,

한 김 식으면 참기름(1)을 둘러 육우볶음밥을 만들고,

유부초밥용 유부에 육우볶음밥을 채워 넣고 장떡, 육우청양다짐장 등 기호에 맞게 토핑을 올려 마무리.

tip box

육우청양다짐장 레시피

필수 재료 시판 다시팩(1개), 표고버섯(2개), 양파(1개), 청양고추(10개), 다진 육우(등심, 200g)
양념 다진 마늘(1.5), 국간장(3.5), 식용유(1)

1 냄비에 물(5컵)과 다시팩 넣어 끓이고,
2 표고버섯과 양파는 한입 크기로 썰고 청양고추는 송송 썰고,
3 중간 불로 달군 팬에 식용유(1)를 두른 뒤 다진 마늘(1.5)을 넣어 볶고,

4 다진 육우, 국간장(2.5), 육수(4)를 넣어 볶고,
5 믹서에 표고버섯, 양파, 청양고추, 육수(3), 국간장(1)을 넣어 갈고,
6 육우를 볶던 팬에 ⑤를 넣고 뻑뻑해질 때까지 졸여 마무리.

마라샹궈 밥만두

대한민국을 강타했던 마라 열풍이 만두에도 불었습니다!
알싸한 마라소스로 만든 만두소를 꽉꽉 담아
구워 먹고 쪄 먹고 튀겨 먹고! 다양하게 즐겨보세요.

4
인분

필수 재료

배추(4장=80g)
마늘종(6대=60g)
애호박($\frac{1}{4}$개=80g)
불린 목이버섯(80g)
건두부(80g)
칵테일 새우(사이즈 중 이상, 250g)
다진 소고기(양지, 100g)
찹쌀밥(1컵=200g)
라이스페이퍼(20장)
쌀만두피(20장)

양념

다진 마늘(0.5)
마라소스(산초 포함 120g)

소스

스위트칠리소스(3)
연유(3)

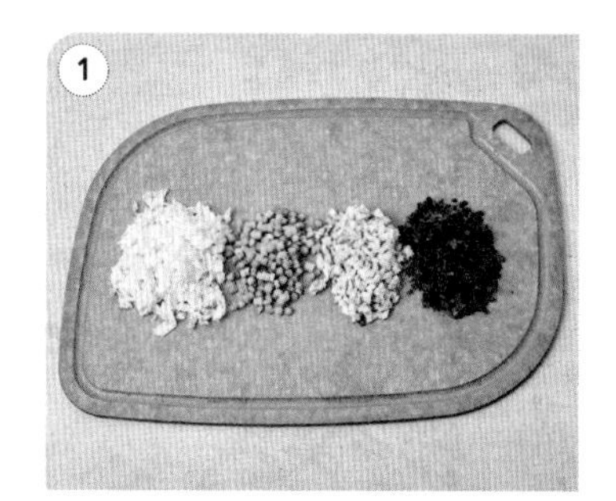

배추, 마늘종, 애호박, 불린 목이버섯은 잘게 썰고,

건두부는 물에 불린 뒤 잘게 썰고, 칵테일 새우는 잘게 다지고,

중간 불로 달군 팬에 식용유(2)를 두른 뒤 다진 마늘(0.5)을 볶다가 다진 새우와 다진 소고기를 넣고 3분간 볶고,

손질한 채소와 건두부를 넣어 2분간 볶다가 마라소스를 넣고 고루 섞어 찐만두용 소를 만들고,

찐만두용 소를 절반 덜어 찹쌀밥을 넣고 볶아 군만두용 소를 만들고,

물에 적신 라이스페이퍼에 찐만두용 소를 넣어 감싸고, 만두피로 한 번 더 감싸 찐만두를 빚고, ↖ 찐만두는 둥근 모양으로 빚었어요.

찜기에 면포를 깔고 찐만두를 넣어 5분간 찌고,

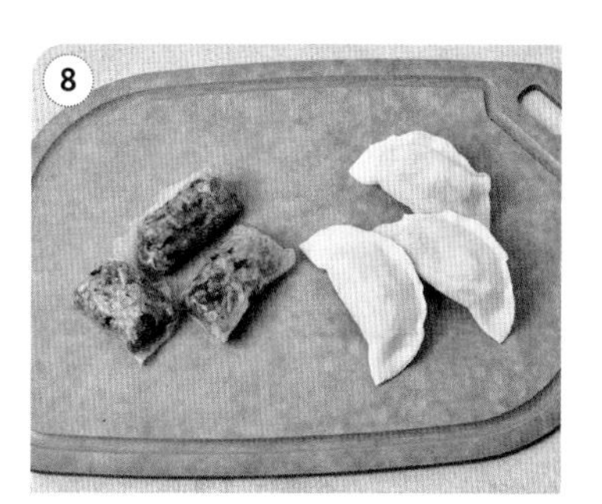

물에 적신 라이스페이퍼에 군만두용 소를 넣어 감싸고, 만두피로 한 번 더 감싸 군만두를 빚고, ↖ 군만두는 반달 모양으로 빚었어요.

중간 불로 달군 팬에 식용유를 넉넉하게 두르고 군만두의 겉면이 바삭해지도록 앞뒤로 3~4분간 튀기듯 굽고,

찐만두는 스위트칠리소스를, 군만두는 연유를 곁들여 마무리.

3단 컵밥

이름은 3단 컵'밥'이지만 밥 대신 콜리플라워가 들어갔어요.
칼로리는 낮고 영양은 높은 콜리플라워가 포만감까지 채워주니
다이어트식으로 안성맞춤이에요!

1 인분

필수 재료

콜리플라워(200g)
대파(20cm)
닭가슴살(100g)
생강($\frac{1}{2}$톨)
달걀(2개)
생크림($\frac{1}{3}$컵=75ml)

선택 재료

달걀노른자(1개)
파슬리가루(약간)

양념

소금(0.6)
백후춧가루(0.6)
↖ 백후춧가루 대신 후춧가루를 사용해도 좋아요.
간장(3)
맛간장(1)
맛술(1)
물엿(1)
설탕(1)
버터(1)

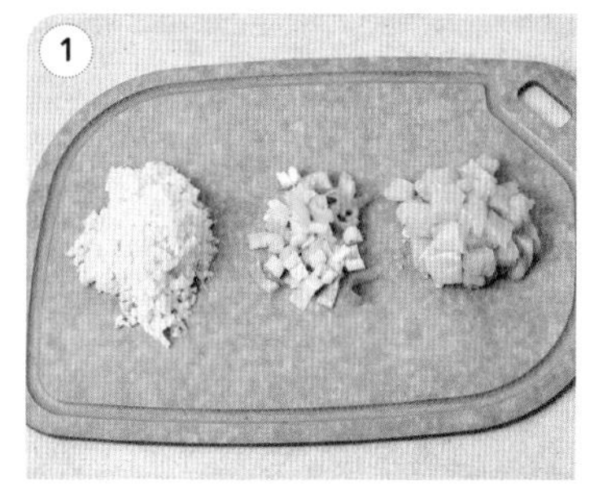
1 콜리플라워는 쌀알처럼 잘게 썰고, 대파와 닭가슴살은 1cm 두께로 썰고,

2 중간 불로 달군 팬에 식용유(2)를 두른 뒤 닭가슴살과 소금(0.3), 백후춧가루(0.3)를 넣어 3분간 볶고,

3 대파를 넣어 2분간 볶아 파향을 낸 뒤 닭가슴살은 그릇에 옮겨 담고,

4 같은 팬에 양조간장(3), 맛간장(1), 맛술(1)을 넣어 2분간 끓이다가 생강, 볶은 닭가슴살, 대파를 넣어 3분간 조리고,

5 생강을 건져낸 뒤 물엿(1)을 넣고 센 불로 3분간 조리고,

6 중간 불로 달군 다른 팬에 식용유(1)를 두른 뒤 잘게 썬 콜리플라워와 소금(0.3), 백후춧가루(0.3)를 넣어 1~2분간 살짝 볶고,

7 달걀(2개)은 생크림($\frac{1}{3}$컵), 설탕(1)과 함께 곱게 풀어 달걀물을 만들고,

8 중간 불로 달군 다른 팬에 버터(1)를 녹인 뒤 달걀물을 붓고 중간 불에서 스크램블드에그를 만들고,
↖ 가장자리부터 살살 저어 폭신하고 부드러운 스크램블드에그를 만들어요.

9 OK
컵에 닭가슴살조림 → 볶은 콜리플라워 → 스크램블드에그 순으로 쌓고, 달걀노른자(1개)를 올린 뒤 파슬리가루(약간)를 뿌려 마무리.

일우와~ 쌈밥 먹자
꽈리고추멸치쌈밥

강된장에 멸치와 멸치육수를 넣어 담백함을 살리고,
견과류를 갈아 넣어 고소함을 더했어요.
건강에 좋은 쌈채소로 감싸니 한입에 쏙쏙 먹기 간편해요.

필수 재료

멸치(100g)
꽈리고추(2줌=200g)
밥(3공기)
홍고추(1개)
청양고추(1개)
땅콩(½줌)
잣(½줌)
잔멸치(50g)
다진 소고기(안심, 100g)
멸치육수(140ml)
↖ 냄비에 물(2컵)과 멸치(8마리), 다시마(5x5cm, 1장)를 넣어 중간 불로 15분간 끓여 멸치육수를 준비해요.

파프리카(¼개)
단호박(¼개)
잘게 썬 소고기(양지살, 130g)
근대(5장)
아욱(5장)
양배추(5장)

밑간

설탕(0.3)
간장(0.5)
물엿(0.3)
다진 마늘(0.3)
후춧가루(약간)
참기름(0.3)

1 멸치는 머리와 내장을 제거하고 중간 불로 달군 팬에서 2분간 볶고,
↖ 마른 팬에 살짝 볶아 비린내를 날려요.

2 꽈리고추는 꼭지를 뗀 뒤 깨끗이 씻어 물기를 제거하고, 국간장(4), 간장(4)을 넣고 버무려 20분간 재우고,
↖ 간이 잘 배도록 꽈리고추에 이쑤시개로 구멍을 내줘요.

3 중간 불로 달군 팬에 간장에 재운 꽈리고추와 들기름(1), 다진 마늘(1)을 넣고 2~3분간 볶은 뒤 물(2컵)을 넣어 졸이고,
↖ 꽈리고추가 충분히 잠길 만큼 물을 넣어요.

4 볶은 멸치, 간장(1), 국간장(1)을 넣어 2분간 자작하게 졸이다가 참기름(0.5)을 두르고,

5 볼에 꽈리고추 멸치조림을 담아 가위로 잘게 자르고, 밥과 참기름(0.5), 깨소금(0.5)을 넣어 버무리고,

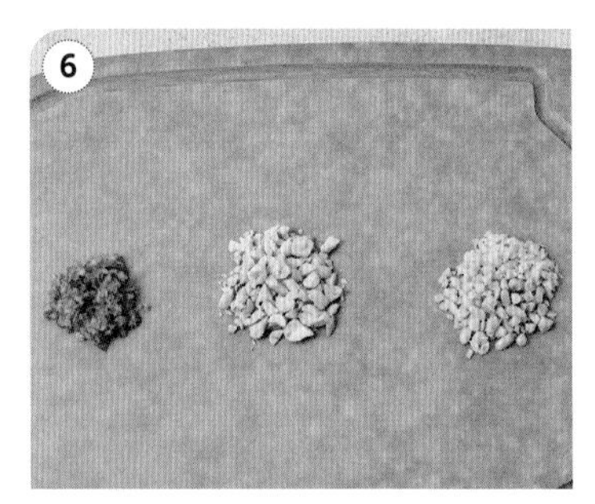

6 고추는 씨를 제거한 뒤 잘게 다지고, 땅콩과 잣은 굵게 다지고,

3 인분

양념

국간장(5)
간장(5)
들기름(1)
다진 마늘(1)
참기름(2)
깨소금(0.5)
된장(4)

볼에 다진 소고기(안심)와 잔멸치, 다진 고추, 된장(4), 참기름(1)을 넣어 버무리고,

뚝배기에 ⑦을 담고, 멸치육수를 넣어 중간 불로 4분간 자작하게 졸인 뒤 다진 땅콩과 잣을 뿌려 멸치 강된장을 만들고,

↖ 너무 되직하지 않게 육수 양을 조절해요.

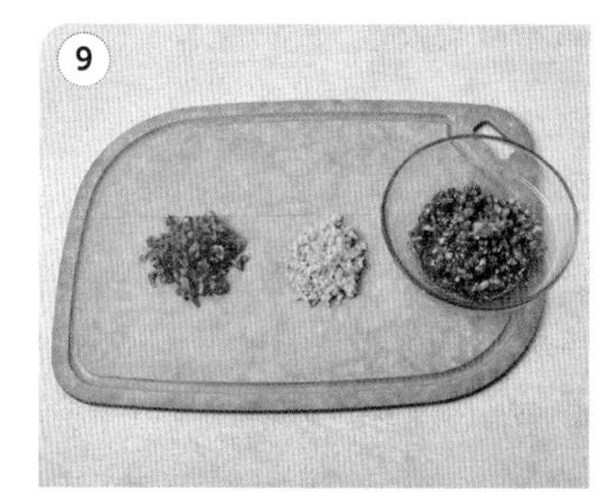

파프리카와 단호박은 잘게 썰고, 잘게 썬 소고기(양지살)는 **밑간**하고,

↖ 단호박은 전자레인지에 넣어 5분 이상 돌려 씨를 제거한 뒤 사용해요.

중간 불로 달군 팬에 식용유(2)를 두른 뒤 밑간한 소고기와 파프리카를 각각 3~5분간 볶고,

찜기에 근대, 아욱, 양배추를 넣어 4분간 찌고,

↖ 근대, 아욱보다 두꺼운 양배추는 4분간 더 쪄주세요.

꽈리고추 멸치조림밥에 볶은 소고기와 파프리카를 넣어 섞고, 밥 안에 잘게 썬 단호박을 넣어 주먹밥처럼 뭉치고,

데친 근대, 아욱, 양배추를 1장씩 펼친 뒤 각 재료 위에 주먹밥과 멸치 강된장을 올리고, 둥글게 쌈을 싸 마무리.

3분 레드카레

코코넛밀크가 들어간 이국적인 태국식 카레!
코코넛밀크 특유의 고소한 향과 크리미한 식감이 매력이에요.
건강을 생각해 단호박과 토마토, 바삭하게 튀긴 새우도 올렸어요.

필수 재료

흰다리새우(8마리)
밀가루(2컵)
달걀물(1개 분량)
빵가루(2컵)
토마토(1개=250g)
단호박(100g)
다진 소고기(150g)
레드커리 페이스트(2)
코코넛밀크(⅔컵)
밥(4공기)

선택 재료

데친 완두콩(약간)
고수(약간)

양념

소금(0.6)
후춧가루(0.6)
청주(1)
피시소스(1)
설탕(1)

1 새우는 껍질을 벗기고 내장을 제거한 뒤 소금(0.3), 후춧가루(0.3)로 밑간하고,

2 새우에 밀가루 → 달걀물 → 빵가루 순으로 튀김옷을 입히고,

3 190℃로 예열한 식용유(3컵)에 튀김옷을 입힌 새우를 4~5분간 노릇하게 튀기고,

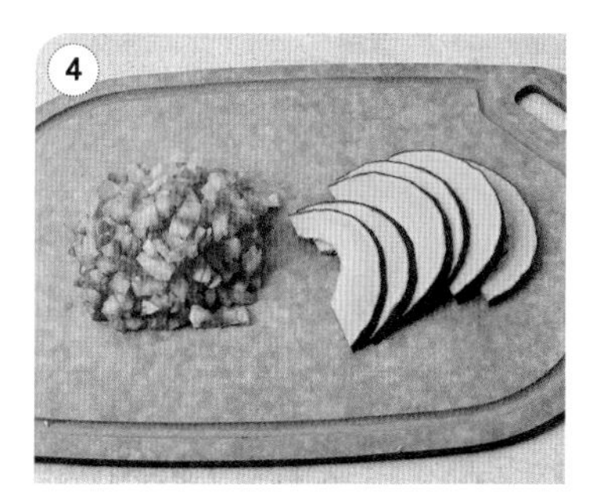

4 토마토는 잘게 다지고, 단호박은 모양대로 얇게 썰고,

5 다진 소고기에 소금(0.3), 후춧가루(0.3), 청주(1)로 밑간하고,

6 냄비에 식용유(2)를 두른 뒤 레드커리 페이스트(2)를 넣어 중간 불로 볶고,

7 밑간한 소고기를 넣어 볶다가 손질한 토마토, 단호박을 넣어 볶고,

8 단호박이 거의 다 익으면 코코넛밀크를 넣은 뒤 20분간 끓이고, 피시소스(1), 설탕(1)을 넣어 간하고,

9 밥 위에 완성된 레드카레를 붓고 새우튀김, 고수, 데친 완두콩과 고수를 올려 마무리.

아보카도 밥버거

빵을 대체할 수 있는 가장 완벽한 과일, 아보카도!
부드럽고 담백해 빵의 대체재로서 완벽하네요!
묵직한 아보카도 사이에 닭가슴살 볶음밥을 넣은 백퍼센트 다이어트 요리!

1 인분

필수 재료

닭가슴살(1개)
양파($\frac{1}{4}$개)
당근($\frac{1}{4}$개)
파프리카($\frac{1}{4}$개)
아보카도(1개)
달걀(1개)
밥(1공기)

양념

다진 마늘(1)
소금(0.5)
데리야키 간장(1)

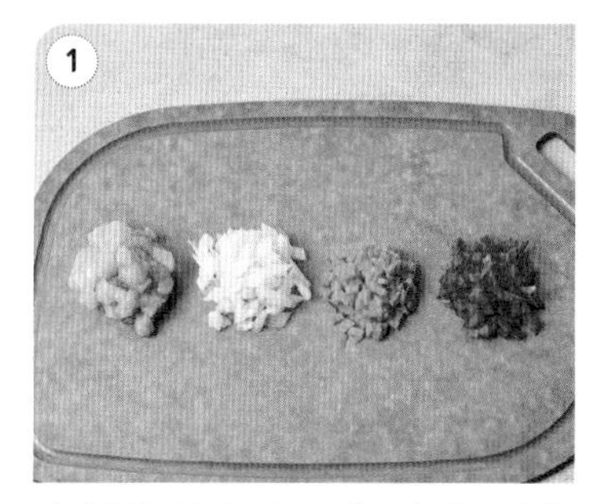

1 닭가슴살, 양파, 당근, 파프리카는 잘게 썰고,

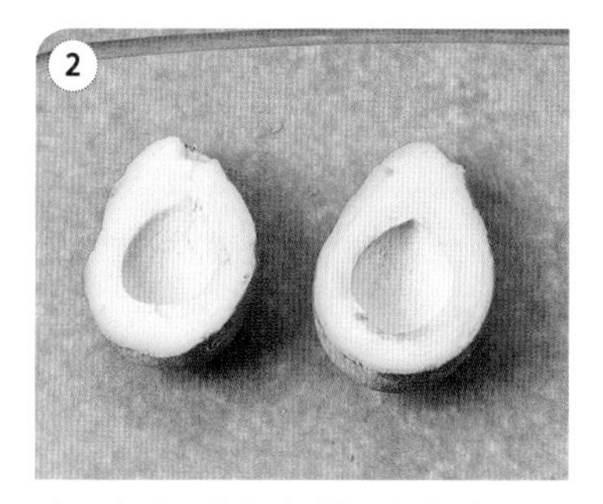

2 아보카도는 길게 칼집을 낸 뒤 비틀어 반으로 가르고, 칼날로 씨를 찍어 빼낸 뒤 껍질을 벗기고,

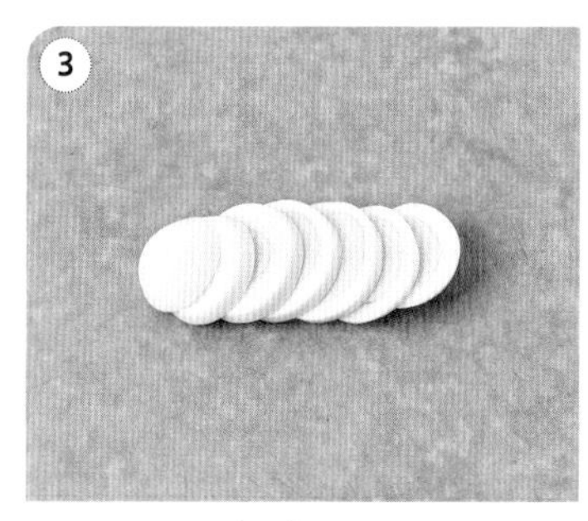

3 달걀은 끓는 물(3컵)에 12분간 삶아 모양대로 얇게 썰고,

4 달군 팬에 식용유(1)를 둘러 다진 마늘(1)을 1분간 볶고,

5 잘게 썬 닭가슴살을 넣고 소금(0.5)으로 간해 볶고,

6 손질한 채소와 데리야키 간장(1)을 넣어 2분간 볶고,

7 밥을 넣어 고루 섞듯이 5분간 볶아 한 김 식히고,

8 아보카도 → 볶음밥 → 삶은 달걀 슬라이스 → 아보카도 순서로 쌓아 마무리.

하와이안 주먹밥

그냥 먹어도 맛있는 햄을 양념에 졸여 더욱 맛있어졌어요.
한입에 쏙 들어갈 만큼 앙증맞은 크기이지만
속 재료로 무려 4가지를 사용해 푸짐하답니다!

4
인분

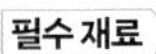

필수 재료

불린 쌀(2컵)
깻잎(4장)
슬라이스 체더치즈(4장)
구운 김(4장)
스팸(1통=340g)

양념

후리카케(1)
참기름(2)
설탕(2)
맛간장(1)

달걀물

+ 달걀(3개)
+ 맛술(1)
+ 소금(0.3)

1 밥솥에 불린 쌀(2컵), 물($1\frac{1}{2}$컵)을 넣고, 고슬고슬하게 밥을 지어 한 김 식히고,

2 밥에 후리카케(1), 참기름(1)을 넣어 간을 하고,

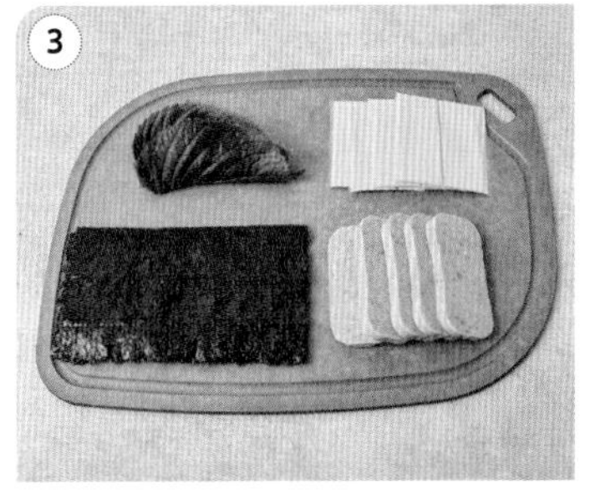

3 깻잎은 반으로 접고, 슬라이스 체더치즈는 2등분하고, 구운 김은 반으로 자르고, 스팸은 8등분하고,

4 중간 불로 달군 팬에 참기름(1)을 두른 뒤 손질한 스팸을 앞뒤로 1분간 굽고,

5 스팸이 노릇노릇해지면 설탕(2), 맛간장(1), 물($\frac{1}{4}$컵)을 넣어 자작하게 졸여 덜어두고,

6 약한 불로 달군 팬에 식용유(1)를 두른 뒤 **달걀물**을 부어 지단을 도톰하게 부치고,

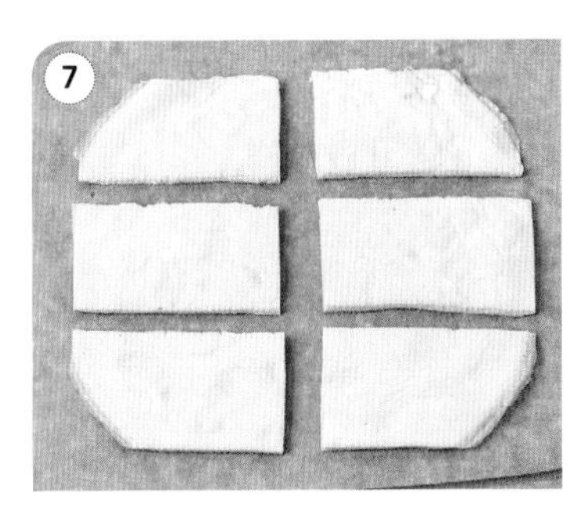

7 스팸과 같은 크기로 자르고,

8 사각 케이스에 밥 → 스팸 → 치즈 → 깻잎 → 달걀지단 → 밥 순서로 담고,

↖ 사각 케이스 대신 스팸 통조림 안쪽에 랩을 두르고 재료를 담으면 꺼내기 편해요.

9 케이스에서 꺼내 김으로 감싸 마무리.

꼬꼬치밥

요즘 많은 치킨 브랜드에서 닭껍질만 모아 따로 팔 정도로 인기가 대단하죠?
야들야들하고 부드러워 닭의 많은 부위 중에서도 특히 마니아가 많다는 닭껍질!
닭껍질 속에 밥을 넣고 튀겨 치밥의 결정체가 되었어요!

2
인분

필수 재료

닭껍질(300g)
밀가루(1컵)
우유($2\frac{1}{2}$컵)
양념치킨(1컵) ← 시판 냉동치킨을 사용해도 좋아요.
아스파라거스(2개)
쪽파(2대)
팽이버섯(1줌)
밥(1공기)

양념

카레 가루(3)
라면 수프(3)

볼에 닭껍질과 물(1컵), 밀가루(1컵)를 넣어 문질러 씻고,

닭껍질에 우유를 부은 뒤 15분간 재워 잡내를 제거하고,

↖ 닭껍질이 잠길 정도로 우유를 부어 주세요.

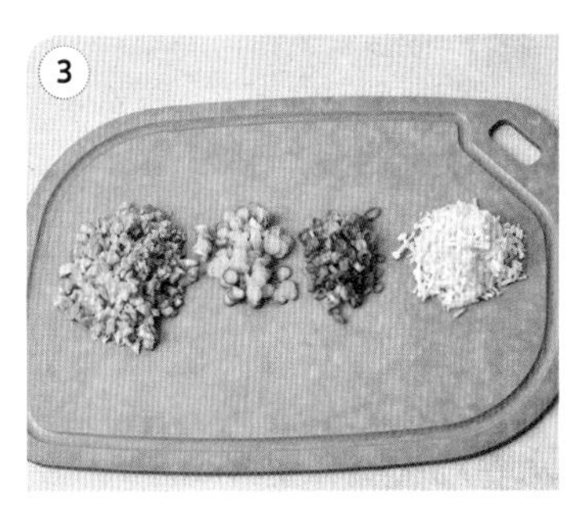

양념치킨은 잘게 썰고, 아스파라거스와 쪽파, 팽이버섯은 송송 썰고,

중간 불로 달군 팬에 손질한 양념치킨과 밥을 넣어 노릇하게 볶고,

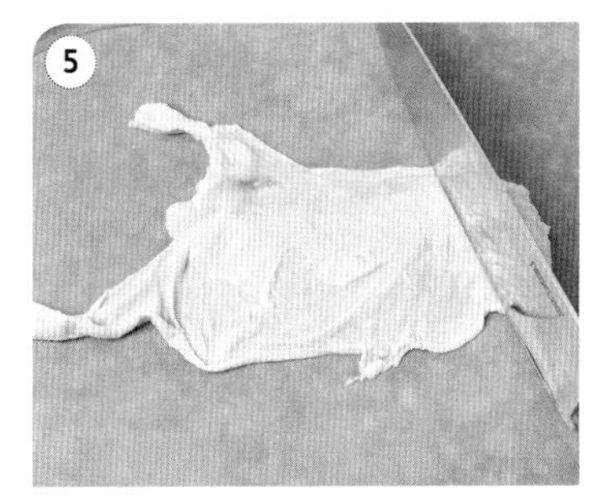

우유에 재워둔 닭껍질은 키친타월로 물기를 닦아낸 뒤 지방을 제거하고,

↖ 지방을 제거하면 잡내는 줄이고 바삭함은 살릴 수 있어요.

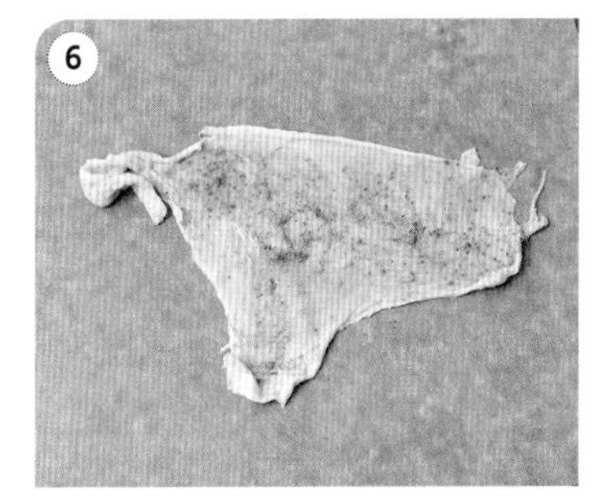

카레 가루와 라면 수프를 1:1 비율로 섞은 뒤 닭껍질을 넓게 펼쳐 앞뒤로 골고루 묻히고,

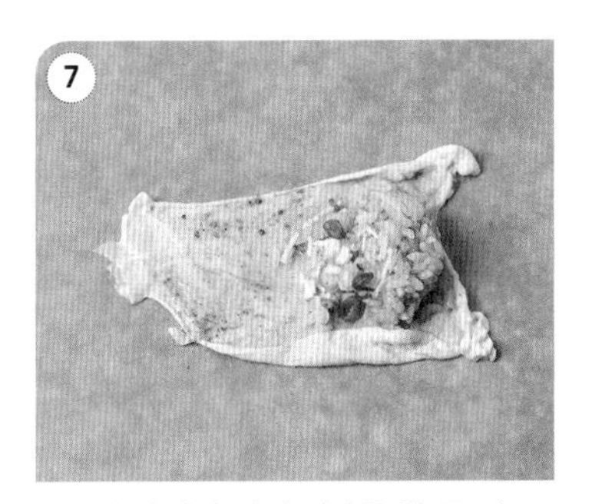

양념한 닭껍질 위에 치밥을 한 줌 넣고 손질한 아스파라거스와 쪽파, 팽이버섯을 올린 뒤 돌돌 말고,

에어프라이어에 넣어 180℃로 10분간 튀겨 마무리.

Real Recipe

짜짜면

건강 마늘종볶음면

낙지비빔라면

수제 참깨라면

전복잡채

마장면

보르시 라면

앵규리크림쫄면

완당면

전복내장라면

간짜장

태안탕면

전복찟면

명란김곰탕면

고추장 칼국수

강된장크림파스타

마짜면 & 알리고치즈감자

신상출시 편스토랑

2 면코너

"

확실히 다르다,
편스토랑이 만들면~

"

신상출시 편스토랑

짜짜면

아이들이 가장 좋아하는 면요리는 바로, 짜장면!
아이는 부드러운 수란을, 어른은 알싸한 라조장과
아삭 상큼한 연근을 올려 나란히 앉아 즐겨보세요.

필수 재료

다진 돼지고기(150g)
양파($\frac{1}{2}$개)
생강($\frac{1}{3}$톨)
대파(1대)
우리밀 생면(300g)

선택 재료

라조장(1)
연근 피클(2)
달걀(1개)
송송 썬 쪽파(1대)

양념

간장(0.6)
우리밀 춘장(1.5)
청주(2)
굴소스(0.3)

식용유(0.5)를 넣은 끓는 물(7컵)에 달걀을 넣고 풀어지지 않게 저어 1분간 익혀 수란을 만들고,
↖ 달걀은 미리 볼에 깨주세요.

다진 돼지고기는 간장(0.3)에 버무려 밑간하고,

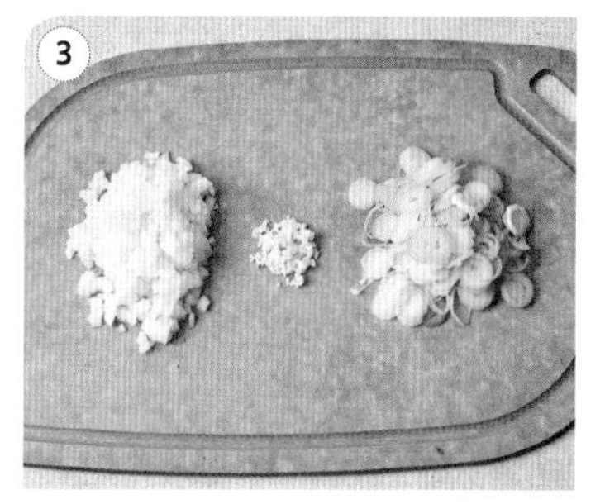

양파와 생강은 잘게 다지고, 대파는 얇게 송송 썰고,

중간 불로 달군 팬에 식용유(2)를 두른 뒤 우리밀 춘장(1.5)을 넣어 기름에 튀기듯 볶고,

중간 불로 달군 다른 팬에 밑간한 다진 고기, 손질한 채소를 4분간 볶고,

⑤에 간장(0.3), 청주(2), 굴소스(0.3), 볶은 춘장을 넣어 3분간 볶아 짜장소스를 만들고,

끓는 물(6컵)에 우리밀 생면을 넣어 7분간 끓여 건지고,
↖ 물이 넘쳐 오르면 찬물을 부어줘요.

그릇에 어른용(1인분), 아이용(1인분) 면을 담은 뒤 짜장 소스를 올리고,

어른용 그릇엔 라조장(1)과 연근 피클, 송송 썬 쪽파를 올려 장식하고, 아이용 그릇엔 수란과 송송 썬 쪽파를 올려 마무리.

신상출시 편스토랑

건강 마늘종볶음면

영양만점 마늘종과 칼로리가 낮은 두부면의 환상적인 조화!
건강을 생각하는 당신에게 최고의 음식입니다.

필수 재료

간 돼지고기(200g)
마늘종(4대)
홍고추(1개)
대파($\frac{1}{2}$대)
마늘(4쪽)
숙주(1줌)
두부면(100g)

양념장

+ 간장(2)
+ 맛술(1)
+ 굴소스(2)
+ 설탕(0.5)
+ 다진 생강(0.3)

양념

소금(0.3)
후춧가루(0.6)

간 돼지고기는 소금(0.3)과 후춧가루(0.3)로 밑간해 재워두고,

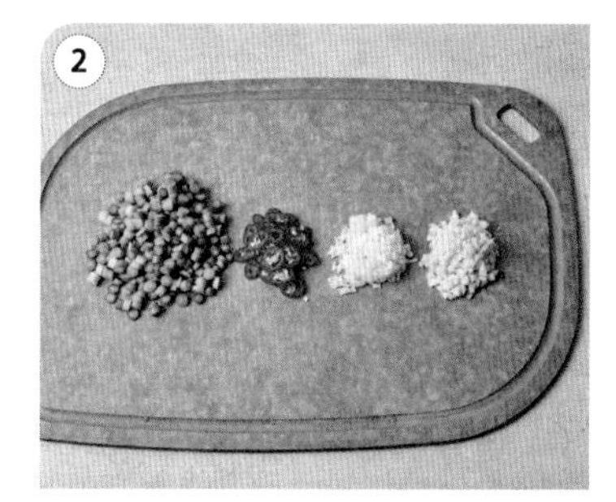

마늘종, 홍고추는 송송 썰고, 대파와 마늘은 잘게 다지고,

중간 불로 달군 팬에 식용유(3)를 두른 뒤 다진 대파와 다진 마늘, 후춧가루(0.3)를 넣어 볶고,

마늘 향이 올라오면 송송 썬 홍고추를 넣고 볶다가 밑간한 돼지고기와 물($\frac{1}{2}$컵)을 넣어 함께 볶고,

돼지고기의 붉은색이 없어지면 **양념장**을 넣어 양념이 밸 때까지 볶고,

고기에 양념이 배면 마늘종과 숙주, 두부면을 넣고 골고루 볶아 마무리.

↖ 두부면은 오래 익히면 끊어지기 쉬우므로 요리 마지막에 넣고 양념이 밸 정도로만 짧게 익혀주세요!

낙지비빔라면

매콤하게 버무린 낙지를 꼬들꼬들하게 삶은 라면 사리 위에 듬뿍 얹었어요.
매콤새콤한 낙지비빔라면과 함께 무더운 여름철을 시원하게 보내보세요!

2 인분

필수 재료

쪽파(3대)
청양고추(1개)
홍고추(1개)
낙지(4마리)
밀가루($\frac{1}{2}$컵)
라면 사리(2개)

양념장

+ 다진 마늘(1)
+ 고추장(2)
+ 고춧가루(1)
+ 맛술(1)
+ 물엿(3)
+ 매실액(2)
+ 집간장(1.5)
+ 식초(4)
+ 참기름(1)
+ 참깨(1)

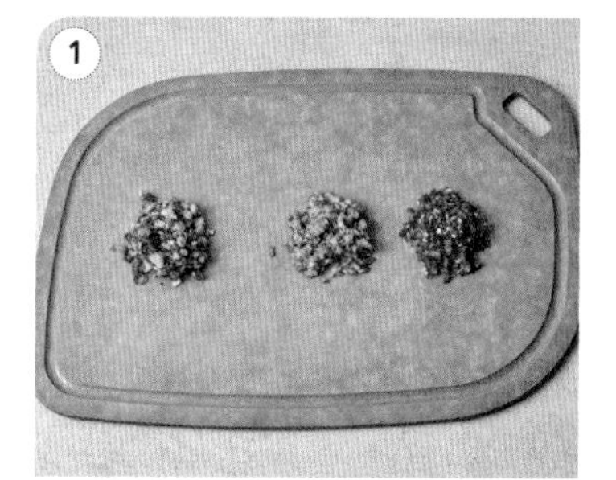

1 쪽파, 고추는 잘게 다지고,

2 **양념장**에 쪽파와 고추를 넣어 섞고,

3 낙지에 밀가루를 뿌린 뒤 낙지 머리를 잡고 다리를 아래로 쓸어내리며 낙지의 점액을 제거하고,

4 낙지에 묻은 밀가루를 흐르는 물에 깨끗이 씻고,

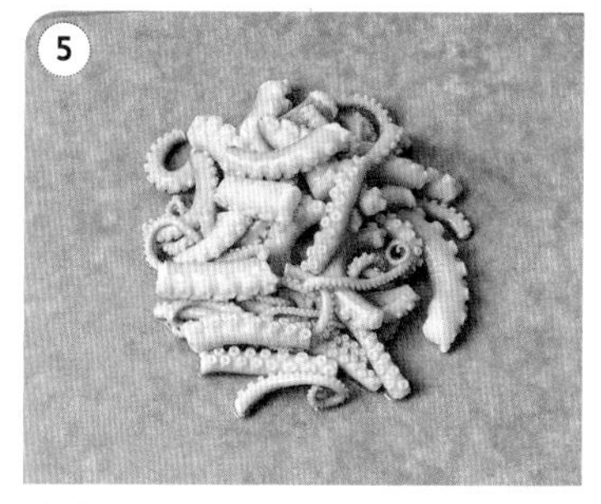

5 낙지를 끓는 물에 넣고 분홍빛을 띨 때까지 데친 뒤 건져내 다리 부분을 한입 크기로 자르고,

6 낙지 다리에 양념장을 넣어 잘 버무리고,

7 끓는 물에 라면사리를 넣어 삶은 뒤 찬물에 헹궈 물기를 제거하고,

8 그릇에 삶은 라면사리를 담고 양념한 낙지를 올린 뒤 잘 비벼 마무리.

신상출시 편스토랑

수제 참깨라면

라면 종류 중 마니아가 가장 많은 라면은 참깨라면이 아닐까요?
직접 만들어 더욱 고소하고 걸쭉한 라면이 되었어요!

필수 재료

대파(10cm)
청양고추(1개)
달걀물(2개 분량)
라면 사리(2개)

전분물

+ 전분(1)
+ 물(2)

양념

고추기름(2)
다진 마늘(2)
고춧가루(2)
액상 치킨스톡(2)
간장(1)
국간장(0.5)
참깨(3)
참기름(2)
소금(약간)

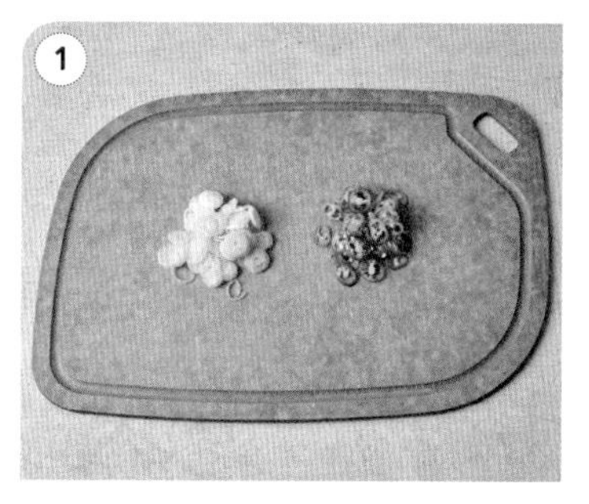

대파, 청양고추는 송송 썰고,

팬에 고추기름(2), 다진 마늘(2), 고춧가루(2)를 넣고 중간 불에 볶아 꺼내고,

냄비에 물(6컵=1100ml), 액상 치킨스톡(2), 간장(1), 국간장(0.5), 볶은 고추기름을 넣어 끓이고,

전분물과 달걀물을 냄비에 넣어 뭉치지 않도록 빠르게 저어주고,

참깨(2)를 손바닥으로 부숴 넣은 뒤 참기름(2)을 넣고,

라면사리와 대파, 청양고추를 넣고 소금(약간)으로 간을 한 뒤 면이 익을 때까지 끓이고,

라면이 익으면 그릇에 담은 뒤 참깨(1)를 부숴 올려 마무리.

신상출시 편스토랑

전복잡채

전복이 몸에 좋은 건 다들 아시죠?
잔칫집에 빠지지 않는 1등 요리 잡채가 쫄깃한 전복을 만나
한층 더 고급스러워졌어요.

2 인분

필수 재료

전복(4개)
양파($1\frac{1}{4}$개)
당근($\frac{1}{2}$개)
피망(1개)
불린 목이버섯(1줌=100g)
불린 당면(2줌=500g)

양념

다진 마늘(1.3)
소금(약간)
참기름(2)
참깨(2)

전복 양념장

+맛술(0.5)
+국간장(1)
+간장(1)
+매실청(1)
+올리고당(2)
+식초(0.5)
+들기름(0.5)
+참기름(0.5)

잡채 양념장

+국간장(1)
+간장(2)
+매실청(1)
+물엿(2)
+올리고당(1)
+참기름(2)
+참깨(1)

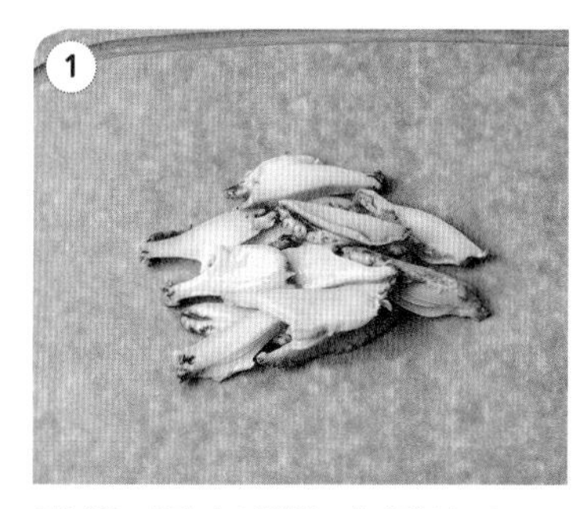

1 전복은 내장과 이빨을 제거하여 1.2cm 두께로 납작 썰고,

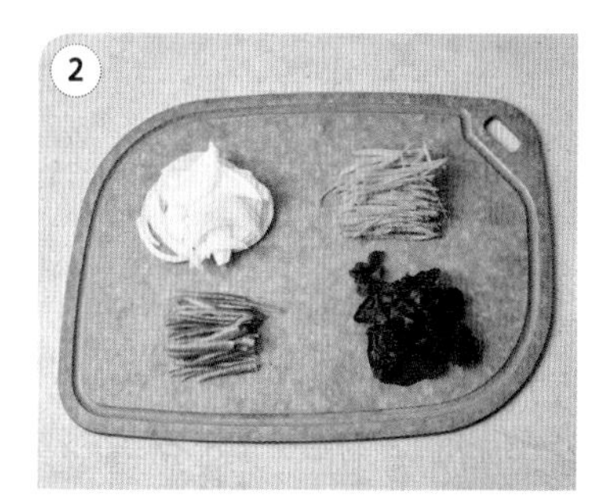

2 양파, 당근, 피망은 채 썰고, 불린 목이버섯은 한입 크기로 자르고,

3 중간 불로 달군 팬에 식용유(2), 다진 마늘(1.3)을 넣어 2분간 볶고,

4 손질한 전복을 넣어 3분간 볶고,

5 전복이 익으면 **전복 양념장**(1.5), 채 썬 양파($\frac{1}{4}$개)를 넣어 1분간 볶고,

6 중간 불로 달군 팬에 양파, 당근, 피망, 목이버섯을 각각 소금(약간)을 넣어 2분씩 따로 볶고,

7 끓는 물(5컵)에 불린 당면을 넣어 5분간 삶은 뒤 찬물에 헹궈 체에 밭쳐 물기를 제거하고,

8 약한 불로 달군 팬에 **잡채 양념장**을 넣어 1분간 끓인 뒤 삶은 당면을 넣어 3분간 볶고,

9 볶은 당면에 볶은 채소, 전복을 넣은 뒤 참기름(2), 참깨(2)를 섞어 마무리.

OK

신상출시 편스토랑

마장면

진한 참깨소스의 고소한 풍미를 넓적한 쌀국수면이 쏙쏙 흡수했어요!
느끼함은 걱정 마세요! 오이가 잡아줄게요.

필수 재료

오이($2\frac{1}{2}$개)
청양고추(1개=45g)
쌀국수면(2줌=100g)
↖ 쌀국수면의 넓이는 1㎝ 정도가 적당해요.

마장면 소스

지마장(2) ← 참깨와 기름을 섞어만든 중화풍 깨장이에요.
오이물(3.5)
양조간장(1.5)
참기름(1)

양념

다진 마늘(2)
설탕(3)
소금(1.2)
식초(5)
시판 조미료(0.8)
참기름(1.5)

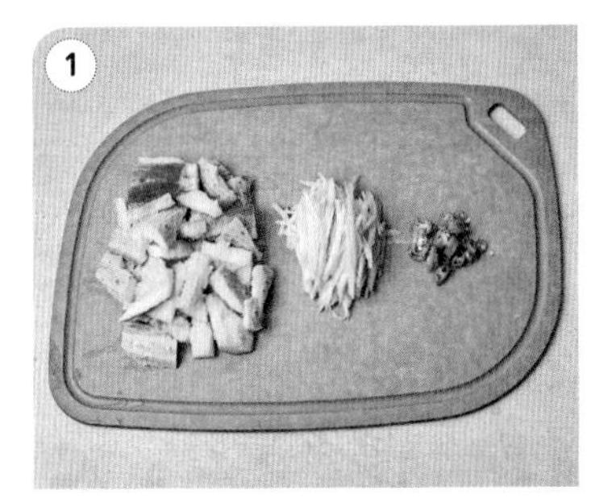

1 오이($1\frac{1}{2}$개)는 칼 옆면으로 두드려 으깬 뒤 3cm 크기로 자르고, 나머지 오이(1개)는 채 썰고, 청양고추는 송송 썰고,

2 손질한 오이와 청양고추에 다진 마늘(2)을 넣어 고루 섞고,

3 설탕(3) → 소금(1.2) → 식초(5) → 시판 조미료(0.8) → 참기름(1.5) 순으로 넣어 고루 섞고,
↖ 참기름을 조금씩 넣으면서 저어줘야 소스가 분리되지 않아요.

4 랩을 씌워 1시간 이상 실온에서 절이고,

5 면포에 오이와 청양고추를 넣고 꽉 짜서 오이물을 만들고,
↖ 남은 오이와 청양고추는 참기름을 살짝 둘러 반찬으로 곁들여도 좋아요.

6 쌀국수면은 물에 1시간 정도 불리고,

7 끓는 물에 불린 쌀국수를 넣어 1분간 삶은 뒤 찬물에 헹궈 건져 물기를 빼고,

8 면을 그릇에 담고 참기름(1.5)을 두른 뒤 **마장면 소스**와 채 썬 오이를 올려 마무리.

신상출시 편스토랑

보르시 라면

선홍빛 비주얼에 놀라셨죠?
듬뿍 들어간 새빨간 비트와 토마토가 만들어낸 색이랍니다.
그만큼 영양이 가득한 라면이에요.
비주얼 보고 놀란 가슴, 맛보고 더 놀라실 거예요!

필수 재료

비트($\frac{1}{3}$개)
양배추(3장)
양파(1개)
당근(1개)
감자(2개)
마늘(3쪽)
통조림 강낭콩(3)
라면사리(2개)

육수 재료

당근($\frac{1}{3}$개)
양파($\frac{1}{2}$개)
돼지고기(등갈비, 400g)
마늘(5쪽)
통후추(0.3)
월계수잎(2장)

양념

토마토 페이스트(3)
소금(약간)
후춧가루(약간)
사워크림(200ml)

냄비에 물(3.5L)과 육수용 당근, 양파를 크게 썰어 넣고,

나머지 **육수 재료**를 넣고 1시간 동안 끓인 뒤 건더기는 건지고,

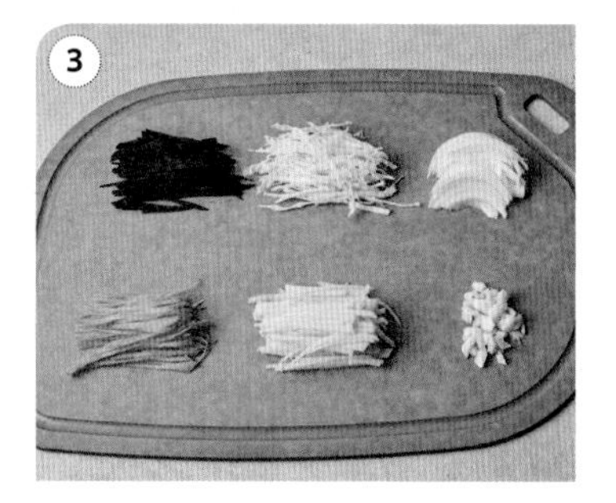

비트, 양배추, 양파, 당근, 감자는 채 썰고, 마늘은 굵게 다지고,

중간 불로 달군 팬에 식용유(3)를 두른 뒤 채 썬 양파와 당근을 넣어 볶고,

양파와 당근이 충분히 익으면 토마토 페이스트(3)를 넣어 볶고,

볶은 재료는 그릇에 따로 담고,

다른 팬에 식용유(2)를 두른 뒤 비트를 넣어 4분간 볶아 그릇에 따로 담고,

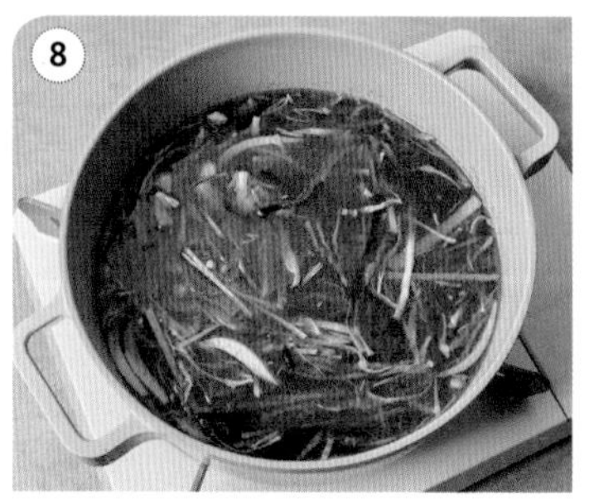

육수에 채 썬 양배추와 감자, 다진 마늘, 볶은 양파, 당근, 비트를 넣고,

통조림 강낭콩과 육수에서 건진 돼지고기를 잘게 썰어 다시 육수에 넣어 끓이고,

소금과 후춧가루를 넣어 간하고,

끓어오르면 라면사리를 넣어 3분간 끓이고,

라면이 익으면 그릇에 담고 사워크림을 곁들여 마무리.

tip box

러시아의 김치찌개, 보르쉬борщ

러시아식 전통 수프 보르쉬는 러시아 가정 식탁에서 빠지지 않는 국물 요리예요. 추운 날씨를 견디기 위해 지방 섭취와 따뜻한 음식이 필수인 러시아뿐만 아니라 근처 동유럽 국가들에서도 즐겨 먹어요. 여름에는 차갑게 식혀서 먹기도 한다고 해요! 빨간 국물의 핵심인 비트는 척박한 러시아 땅에서도 잘 자라서 자주 활용돼요. 비트는 맛과 식감이 무와 비슷해서 빨간 무를 넣은 한국식 소고기뭇국 같아요. 스메타나 혹은 사워크림 소스를 곁들이면 상큼하고 걸쭉하게 즐길 수 있어요.

필수 재료 소고기(300g), 통후추(1), 통마늘(1쪽), 월계수잎(1장), 비트($\frac{1}{2}$개), 토마토($\frac{1}{2}$개), 양배추($\frac{1}{3}$개), 양파($\frac{1}{2}$개), 감자($\frac{1}{2}$개), 당근($\frac{1}{2}$개), 소금(약간), 후춧가루(약간)

선택 재료 사워크림(2)

1 소고기는 찬물에 담가 핏물을 제거하고, 먹기 좋은 크기로 자르고,
2 물을 담은 냄비에 소고기, 통후추, 통마늘, 월계수잎을 넣어 한 시간 동안 끓이고,
3 비트, 토마토, 양배추, 양파, 감자, 당근은 잘게 썰고,
4 토마토를 제외한 모든 채소를 식용유에 볶고,
5 끓는 육수에 볶은 채소와 토마토를 넣고 소금과 후춧가루로 간해 마무리.
↖ 가니시로 사워크림을 곁들이면 상큼하고 부드러워져요.

앵규리크림쫄면

걸쭉한 크림과 매콤한 앵규리소스의 만남!
흥건한 소스를 걷어내면 반전의 주인공 쫄면이 드러나요.
한번 맛보면 쫄면을 넣은 이유를 아실 거예요!

필수 재료

양파($\frac{1}{6}$개)
느타리버섯(1줌=30g)
베트남 고추(2개)
쫄면(1개)

크림소스

휘핑크림($\frac{1}{3}$컵)
우유($\frac{1}{2}$컵)
액상 치킨스톡($\frac{1}{6}$컵)

앵규리소스

스리라차소스(3)
베트남고추(3개)

양념

올리브유(1)
버터(1)
다진 마늘(1)
후춧가루(약간)
떡볶이소스($\frac{1}{3}$컵)
베트남 고춧가루($\frac{1}{4}$컵)
드라이 바질(약간)

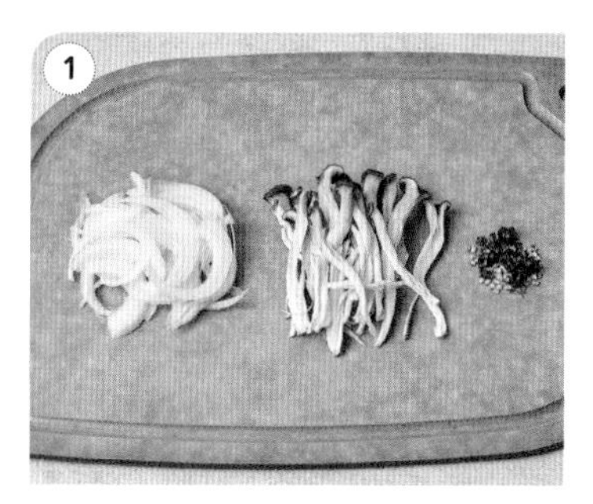
1. 양파는 채 썰고, 느타리버섯은 잘게 찢고, 베트남 고추는 잘게 다지고,

2. **앵규리소스** 재료를 믹서에 곱게 갈아 앵규리소스를 만들고,

3. 끓는 물(5컵)에 쫄면을 넣어 3분 30초 동안 삶아 찬물에 헹궈 체에 밭친 뒤 올리브유(1)에 버무려 놓고,

4. 중간 불로 달군 팬에 버터(1)를 넣어 녹이고 다진 마늘(1), 양파, 느타리버섯, 후춧가루를 넣어 2분간 볶고,

5. 재료가 익으면 **크림소스**($\frac{1}{2}$컵), 떡볶이소스($\frac{1}{3}$컵)를 넣어 섞고,
↖ 소스양은 기호에 맞게 조절해요.

6. 베트남 고추, 베트남 고춧가루($\frac{1}{4}$컵)를 넣어 1분간 끓이고,

7. 익힌 쫄면을 넣어 1분간 끓이고,

OK

8. 그릇에 담아 드라이 바질, 앵규리소스를 올려 마무리.

완당면

부산의 명물 완당!
작고 오밀조밀한 완당이 오랜 시간 푹 고아낸 육수와 어우러져
얼큰하고 시원한 완당면이 되었어요.

필수 재료

부추($\frac{1}{2}$줌=10g)
완당피(25장)
달걀물(1개 분량)
숙주(30g) ↖ 달걀(1개)을 잘 풀어 소금(0.3)으로 간을 해 달걀물을 만들어요.
대파(3cm)
김(1장)

완당 육수

닭 뼈(5kg) ← 닭 뼈는 미리 1시간 이상 찬물에 담가 핏물을 빼요.
양파(1$\frac{1}{4}$개=300g)
대파(1대=100g)
통마늘(8쪽=50g)
다시마(5x5cm, 1장)
통후추(1)
월계수잎(5장)

완당소

닭가슴살(50g)
양배추(1장)
양파($\frac{1}{4}$개)
대파($\frac{1}{4}$대)
마늘(1쪽)

1 닭 뼈는 1시간 이상 찬물에 담가 핏물을 빼고,

2 냄비에 물(8L)과 닭 뼈, 나머지 **완당 육수** 재료를 넣어 1시간 끓이고,
↖ 육수가 끓어오르면 다시마를 건지고 불순물을 걷어요.

3 닭 뼈를 제외한 재료를 건진 뒤 1시간 더 끓이고,

4 육수는 체에 밭쳐 거른 뒤 치킨스톡(1), 국간장(1), 소금(0.5)을 넣어 섞고,

5 **완당소** 재료는 믹서에 넣어 곱게 갈고,

6 완당소에 부추를 잘게 썰어 넣고, 생강즙(0.2), 굴소스(0.5), 후춧가루(약간)를 넣어 섞고,

7 완당피의 한 꼭짓점에 완당소(4g)를 넣고 돌돌 말아 모양을 잡고,
↖ 손으로 완당 빚는 법은 옆의 tip박스를 참고하세요!

8 끓는 물(5컵)에 완당을 넣어 30초간 데쳐 건지고,

9 끓는 완당 육수에 데친 완당을 넣고 3분간 삶고,

양념

치킨스톡(1)
국간장(1)
소금(0.5)
생강즙(0.2)
굴소스(0.5)
후춧가루(약간)

10 약한 불로 달군 팬에 식용유(2)를 두른 뒤 달걀물을 부어 지단을 만들고,
↖ 앞뒤로 2분간 익혀요.

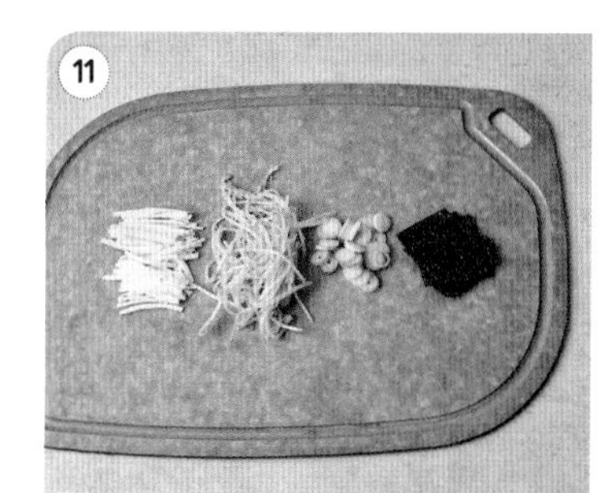

11 지단은 채 썰고, 숙주는 데치고, 대파는 송송 썰고, 김은 6등분하고,
↖ 대파는 그릇에 가장 먼저 담을 때 쓰이지만 고명용으로 살짝 남겨주세요.

12 그릇에 송송 썬 파 → 삶은 완당 → 육수 → 숙주, 지단, 고명용 대파, 김 → 후춧가루(약간) 순으로 담아 마무리.

tip box

완당 만두 손으로 빚는 방법!

완당은 돼지고기, 채소 등으로 속을 채운 작은 만두를 넣어 끓인 만둣국이에요. 중국의 훈툰이 일본으로 건너가 완탕으로 정착하였고, 우리나라에는 1947년에 부산에 처음 완당이라는 이름으로 들어왔어요.

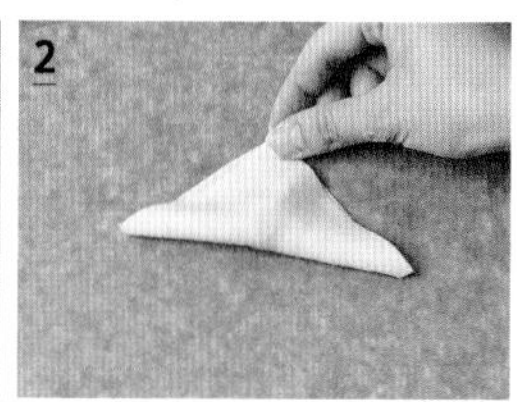

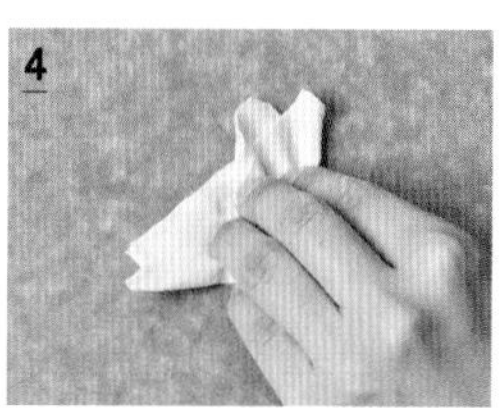

1 정사각형의 얇은 만두피의 한쪽 모서리에 완당소(0.5)를 올리고,
2 반대쪽 모서리를 올려 접어 삼각형을 만들고,
3 왼손 중지는 완당소의 왼쪽 위에 올리고, 검지는 완당소 오른쪽 아래에 넣고, 중지로 누르면서 검지를 들어 올려 접고,
4 완당소 주변을 꾹꾹 눌러 마무리.

전복내장라면

귀한 전복, 그것도 생소한 전복내장을 넣어
고급스러움을 더한 라면이에요.
비린 맛 없이 바다 향이 깊게 밴 전복내장라면을 드셔보세요!

필수 재료

청양고추(1개)
대파(1대)
라면 사리(1봉)
달걀흰자(1개)

양념

참기름(5)
깨($\frac{1}{4}$컵)
다시마 분말(1)

전복내장페이스트

전복내장(1컵)
화이트 와인($\frac{1}{4}$컵)
대파(1대)
청양고추(1개)

육수 재료

멸치(육수용 2줌)
밴댕이(1줌)
양파(1개)
무(1토막)
대파(1대)
파뿌리(1~2개=20g)
다시마(5×5cm, 1장)
마른고추(3개)
통생강(3톨)

분말 수프

고운 고춧가루(5)
설탕(1)
조개다시다(3=24g)
새우엑기스분(0.3)
굴베이스분(0.3)
미원(0.3)
치킨스톡(0.6=6g)
마늘분(0.6=6g)
양파분(0.5=5.2g)
후춧가루(약간)

1 멸치는 내장을 제거하고, 중간 불로 달군 냄비에 볶아 비린내를 날리고,

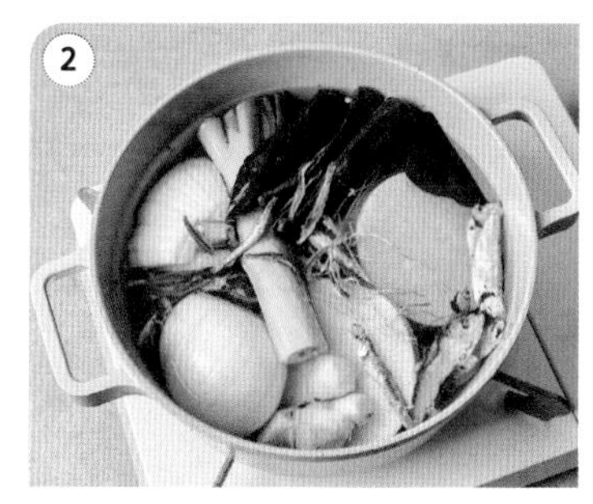

2 냄비에 **육수 재료**를 넣은 뒤 물(5L)을 부어 2시간 끓여 육수를 만들고,

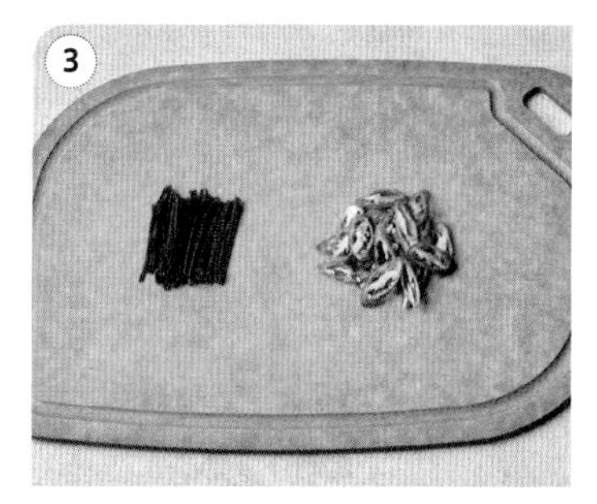

3 다시마는 건져 채 썰어 고명으로 사용하고, 청양고추는 어슷 썰고,

4 중간 불로 달군 팬에 참기름(4)을 두른 뒤 전복내장을 넣어 2분간 볶고,

5 전복내장이 익으면 화이트 와인을 넣어 1분간 볶고,

6 볶은 전복내장과 깨($\frac{1}{4}$컵), 대파(1대), 청양고추(1개), 육수(1컵)를 믹서에 넣어 **전복내장페이스트**를 만들고,

7 중간 불로 달군 팬에 전복내장페이스트를 넣어 20분간 끓인 뒤 다시마 분말(1)을 넣어 섞고,

8 끓는 물(3컵)에 **분말 수프**(18g), 라면사리, 청양고추, 대파를 넣어 2분간 끓이고,

9 전복내장페이스트, 달걀흰자를 넣어 1분간 끓이고, 참기름(1)을 뿌려 마무리.

신상출시
편스토랑
간짜장
진정 중식을 즐기는 자는 간짜장을 먹는다!
아낌없이 들어간 양파가 달콤함과 아삭한 식감을 살려줘요.
윤기가 자르르 흘러 저절로 군침이 도는 간짜장을 집에서도 즐겨보세요.

필수 재료

대파(½대)
돼지고기(100g)
양파(¼개)
애호박(⅓개)
중화면(300g)
전분물(1)

양념

간장(1)
올리고당(2)
굴소스(1)
볶은 춘장(3)

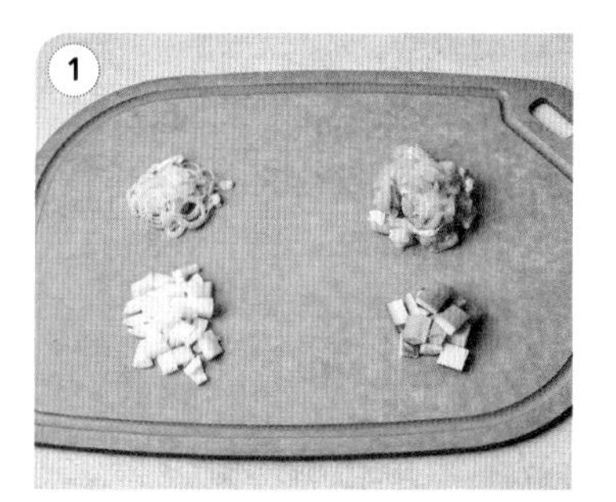

대파는 송송 썰고, 돼지고기, 양파, 애호박은 한입 크기로 썰고,

팬에 식용유와 송송 썬 대파를 넣고 노릇하게 볶아 파기름을 내고,

돼지고기를 넣고 파기름이 배도록 타지 않게 충분히 볶고,

기름이 끓을 때 간장(1)을 넣어 불맛을 내고,

양파와 애호박을 넣어 볶고,

올리고당(2), 굴소스(1), 볶은 춘장(3), 전분물을 넣고 걸쭉하게 볶고,

↖ 전분물은 기호에 맞는 농도를 찾아 조절해주세요.

끓는 물에 중화면을 넣어 5분간 삶아 건지고,

소스와 삶은 면을 각각 그릇에 담아 마무리.

신상출시 편스토랑

태안탕면

가느다란 면이지만 파래로 만들어 굉장히 쫄깃해요.
아낌없이 넣은 해산물로 국물은 얼큰하고 시원하답니다.
말린 파래를 살짝 구워 올린 것이 바로 화룡점정!

필수 재료

멸치(2줌=25g)
강력분(110g)
무(1토막)
마늘(4쪽)
생강(1톨)
양파($\frac{1}{2}$개)
대파(1단)
꽃게(3마리)
새우(8마리)
바지락(300g)
가다랑어포(2줌)
알배추($\frac{1}{2}$포기)

선택 재료

청양고추(4개)
홍고추(1개)
갑오징어(2마리)
말린 파래(1장)

끓는 물(2L)에 멸치를 넣어 불을 끈 후 1시간 동안 우리고,

믹서에 **파래면 반죽** 재료를 넣어 곱게 갈고,

②에 강력분을 넣어 반죽한 뒤 뭉쳐 비닐에 담아 냉장실에서 30분~1시간 동안 숙성하고,

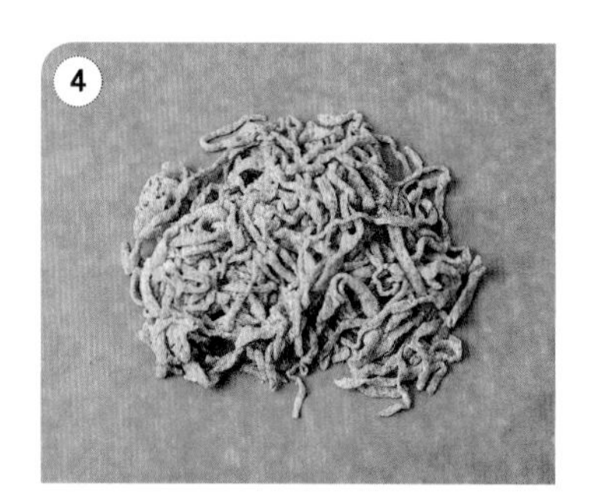

숙성한 반죽을 제면기에 넣고 덧밀가루를 뿌리며 면발을 뽑고,

↖ 제면기가 없다면 면 모양으로 가늘게 잘라주세요.

끓는 물(6컵)에 파래면을 넣어 3분간 삶은 뒤 얼음물에 잠시 담갔다 건져 물기를 제거하고,

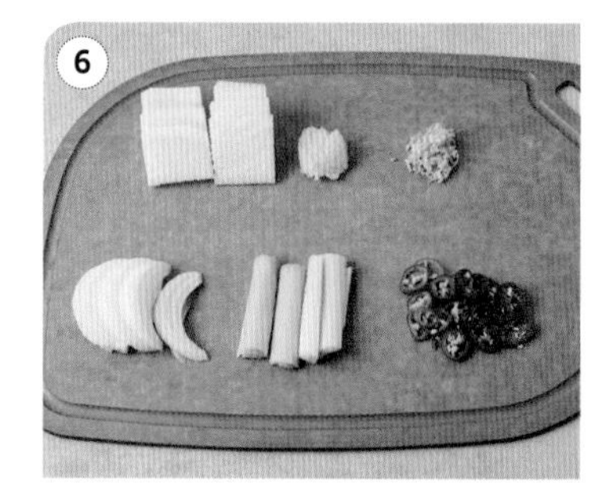

무는 나박 썰고, 마늘과 생강은 곱게 다지고, 양파는 채 썰고, 대파는 7cm 길이로 썰고, 고추는 송송 썰고,

꽃게는 깨끗이 씻어 등딱지와 집게다리를 떼어낸 뒤 입을 제거해 4등분하고,

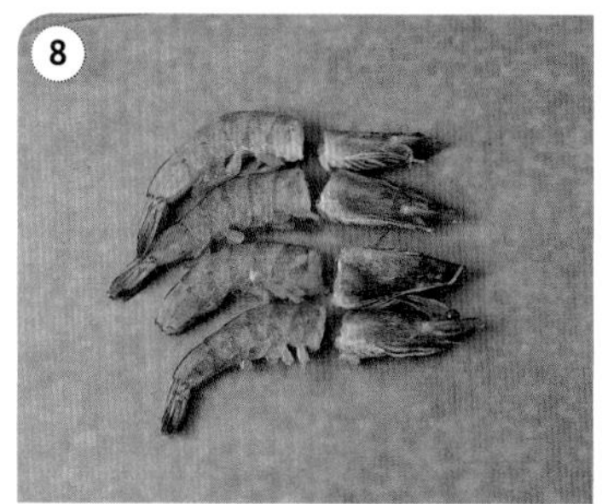

새우는 깨끗이 씻은 뒤 머리만 제거하고,

갑오징어는 다리 부분을 제거하고 몸통 안쪽에 십자 모양으로 칼집을 넣은 뒤 2×7cm 크기로 썰고,

파래면 반죽

생파래(30g)
소금(0.2)
식용유(2.5)
물(⅓컵)

양념

멸치 액젓(7)
된장(1)

다진 마늘, 생강, 무, 대파, 양파, 꽃게 몸통, 새우, 갑오징어를 멸치액젓(7)에 버무리고,

냄비에 ⑩의 재료와 집게다리, 된장(1), 바지락, 청양고추, 멸치육수를 넣어 센 불로 끓이고, 끓어오르면 약한 불로 줄여 30분간 끓이고,

불을 끈 뒤 가다랑어포를 면포에 넣어 10분간 담가 우리고,

알배추는 길게 잘라 육수에 넣어 2분간 끓이고,

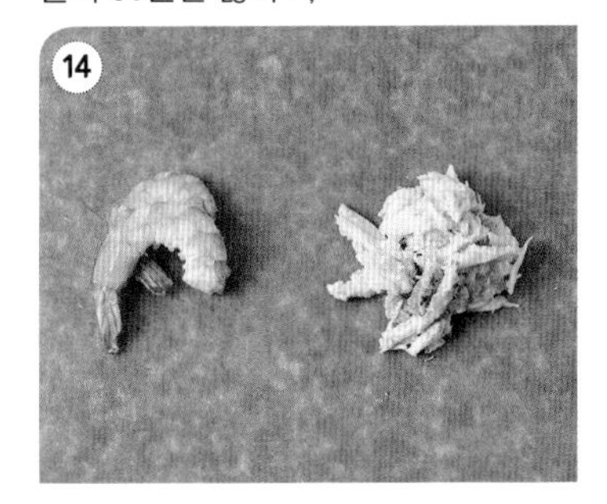

익은 꽃게 몸통을 건져 살을 바르고, 새우(2마리)를 건져 껍질을 벗기고,

그릇에 파래면과 국물을 담고 꽃게 다리, 꽃게 살, 오징어, 새우, 홍고추를 올리고,

말린 파래를 불에 앞뒤로 살짝 구워 면 위에 부숴서 뿌려 마무리.

전복찜면

무한 흡입의 주인공. 국물이 없어도 서운해하지 마세요.
오랫동안 면이 붇지 않는 비결이랍니다.
전복 굴소스를 넣어 감칠맛까지 더했어요!

필수 재료

전복(2개)
마늘(5쪽)
양파(½개)
청양고추(4개)
공심채(1줌=55g)
수타면(1인분=250g)
베트남고추(3개)
숙주(1줌)

양념

청주(0.5)
팟타이소스(6)
전복 굴소스(2)
멸치액젓(0.5)

전분물

+ 전분(2)
+ 물(2)

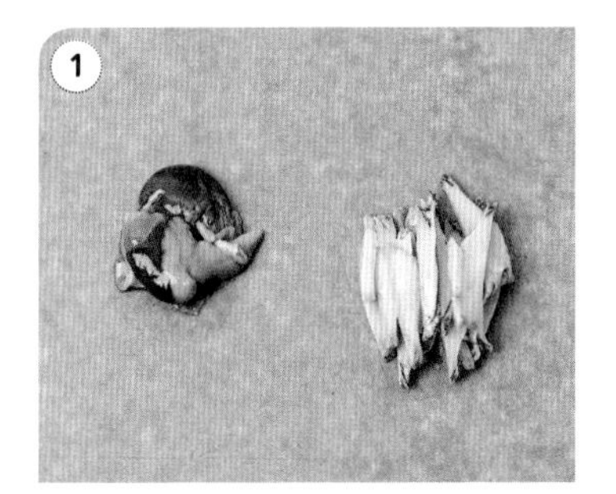

전복은 내장과 살을 나누고, 전복 살은 채 썰고,

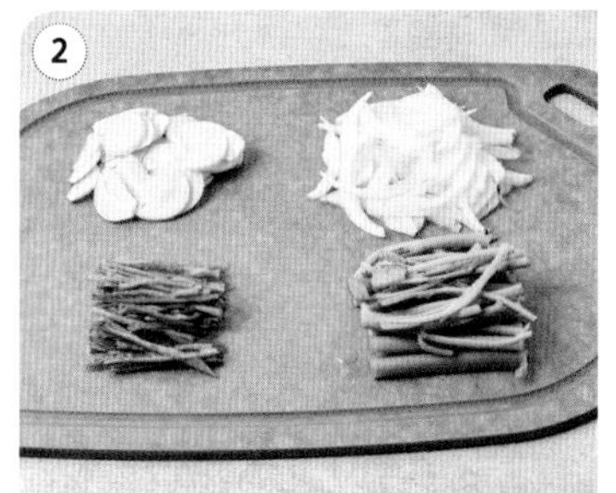

마늘은 납작 썰고, 양파와 청양고추는 채 썰고, 공심채는 6cm 길이로 썰고,

끓는 물(5컵)에 수타면을 넣어 1분 30초간 삶아 찬물에 헹군 뒤 체에 밭쳐 물기를 빼고,

중간 불로 달군 팬에 식용유(3)를 두른 뒤 마늘, 양파, 베트남고추를 3분간 볶고,

채 썬 전복을 넣은 뒤 청주(0.5)를 넣어 2분간 볶고,

삶은 면, 청양고추를 넣은 뒤 팟타이 소스(6), 전복 굴소스(2)를 넣어 1분간 볶고,

공심채와 숙주를 넣고 1분간 볶은 뒤 멸치액젓(0.5)과 **전분물**(1)을 넣어 마무리.

명란김곰탕면

진하고 깊은 짠맛의 명란과 고소한 김가루, 그리고 뽀얀 국물의 삼박자!
대파와 달걀물까지 곁들여 심심했던 하얀 국물에 색을 더했어요.
쉽게 구할 수 있는 곰탕 라면에 몇 가지 재료로 고급스러움을 더해보세요.

필수 재료

대파(10cm)
명란젓(1개)
곰탕 라면(1개)
달걀물(1개 분량)
김가루(약간)
↖ 김가루는 조미되지 않은 것으로 준비해요.

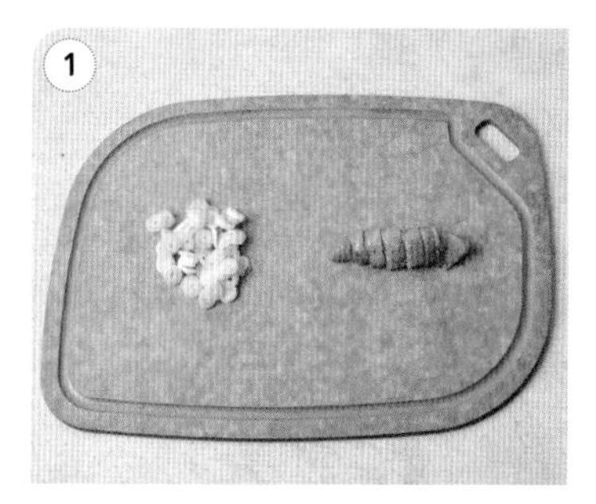

대파는 송송 썰고, 명란젓은 1cm 두께로 썰고,

끓는 물(550ml)에 곰탕 라면을 넣어 2분간 끓이고,

달걀물을 둥글게 둘러 넣고 송송 썬 대파를 넣어 1분간 끓이고,

라면이 다 익으면 그릇에 담고 썰어 놓은 명란을 올리고,

김가루를 뿌려 마무리.

고추장 칼국수

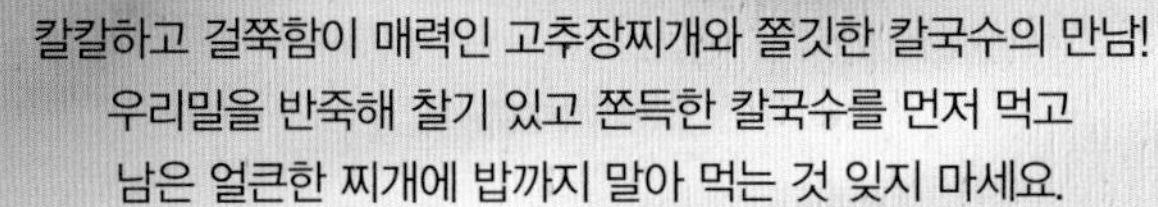

칼칼하고 걸쭉함이 매력인 고추장찌개와 쫄깃한 칼국수의 만남!
우리밀을 반죽해 찰기 있고 쫀득한 칼국수를 먼저 먹고
남은 얼큰한 찌개에 밥까지 말아 먹는 것 잊지 마세요.

필수 재료

대파(15cm)
고추(2개)
감자(2개)
두부($\frac{1}{2}$모)
양파(2개)
소고기(양지 200g)
우리밀 밀가루(2$\frac{1}{2}$컵)

↖ 양파, 애호박 등 취향대로 재료를 추가해 넣어도 좋아요.

육수 재료

대파(1대)
말린 표고버섯(3개)
다시마(5×5cm, 3장)
멸치(10마리)

양념

고추장(3)
국간장(2.5)
된장(1)
다진 마늘(0.5)

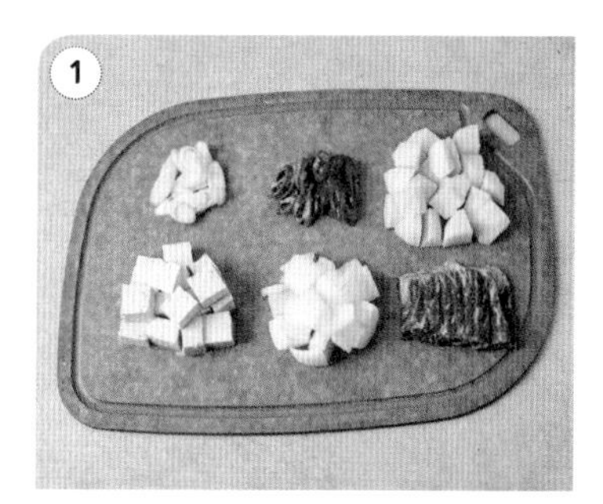

대파, 고추는 어슷 썰고, 감자, 두부, 양파는 한입 크기로 썰고, 소고기는 결 반대로 납작 썰고,

냄비에 물(2L)과 **육수 재료**를 넣어 중간 불로 1시간 정도 끓인 뒤 건더기는 건지고,

육수에 고추장(3)을 넣어 고루 푼 뒤 국간장(2.5), 된장(1)으로 간을 하고,

대파와 감자를 넣어 5분간 끓이고, 끓어오르면 소고기를 넣어 끓이고,

↖ 대파를 먼저 넣어 끓이면 단맛이 우러나요. 고기를 오래 끓이면서 생기는 거품은 제거해주세요.

다진 마늘(0.5), 고추, 양파를 넣고 10분간 끓이고, 두부를 넣어 고추장찌개를 만들고,

우리밀 밀가루에 물($\frac{2}{3}$컵)을 조금씩 넣어가며 반죽을 뭉치고, 찰기를 주기 위해 10분 이상 치대고,

↖ 반죽은 랩으로 감싼 뒤 냉장실에서 2~3시간 숙성해주세요.

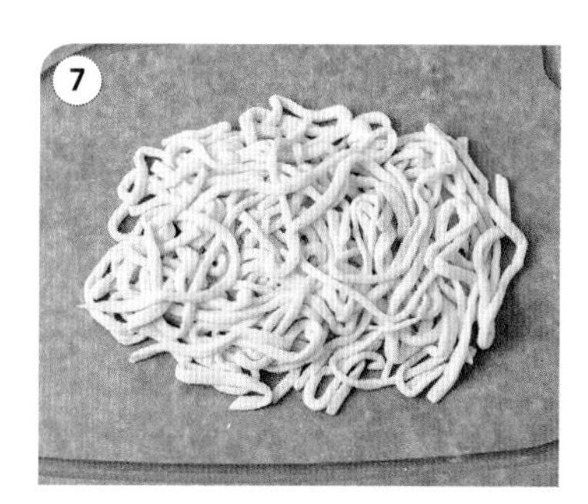

도마와 반죽에 밀가루를 묻혀 밀대로 얇게 편 뒤 두세 번 접고, 0.5cm 두께로 썰어 칼국수면을 만들고,

끓는 물(4컵)에 칼국수면을 넣어 7~8분간 삶아 건지고,

삶은 칼국수면을 그릇에 담고 고추장찌개를 부어 마무리.

강된장크림파스타

이것은 강된장찌개인가? 크림파스타인가?
구수하고 고소한 맛이 일품인 퓨전 음식이 탄생했습니다!
부드러움의 비결은 으깬 두부와 생크림이랍니다.

1 인분

필수 재료

삶은 옥수수(1개) ↖ 옥수수는 끓는 소금물(물5컵+소금1)에 넣어 30분간 삶아 한 김 식혀 준비해요.
양파($\frac{1}{4}$개)
애호박($\frac{1}{5}$개)
표고버섯(1개)
감자($\frac{1}{4}$개)
두부($\frac{1}{4}$모)
아삭이고추(1개)
링귀니(1인분=100g)
다진 소고기(3)
생크림($\frac{2}{3}$컵)

된장소스

매운 고춧가루(1.5)
물엿(3)
매실액(1)
집된장(1)
시판 된장(1)
고추장($\frac{2}{3}$컵)
다진 마늘(1)

양념

소금(1.3)
올리브유(3)
후춧가루(약간)
맛술(2)

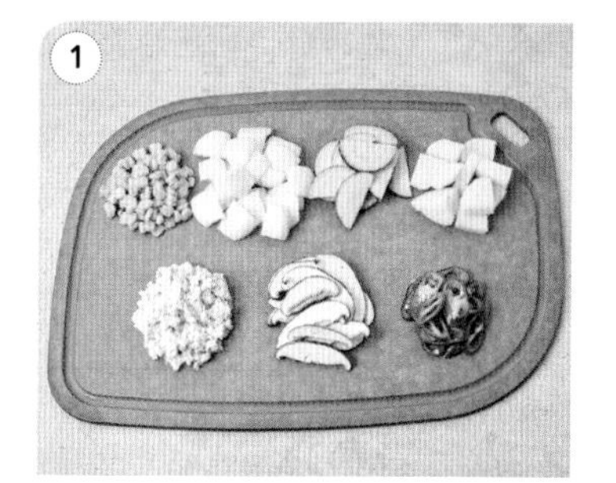

삶은 옥수수는 알을 떼어내고, 양파, 애호박, 표고버섯, 감자는 한입 크기로 썰고, 두부는 으깨고, 아삭이고추는 어슷 썰고,

끓는 소금물(물6컵+소금1)에 올리브유(1)와 링귀니를 넣어 6분간 삶아 건지고, ↖ 면수($\frac{1}{2}$컵)는 남겨두세요.

중간 불로 달군 팬에 올리브유(2)를 두른 뒤 손질한 양파와 소금(0.3), 후춧가루를 넣어 양파가 투명해질 때까지 볶고,

다진 소고기와 맛술(2)을 넣어 불맛이 나도록 볶고,
↖ 가스레인지 위에서 센 불에 볶으면 맛술과 기름이 만나 불맛을 입힐 수 있어요. 토치를 사용해도 좋아요!

손질한 감자를 넣고 볶다가 어느 정도 익으면 호박과 버섯을 넣어 볶고,

된장소스($\frac{1}{2}$분량)를 넣어 볶고,
↖ 기호에 맞게 된장소스 양을 조절해요.

으깬 두부를 넣어 볶다가 면수($\frac{1}{2}$컵)와 생크림($\frac{2}{3}$컵)을 부어 끓이고,

삶은 링귀니와 옥수수알, 후춧가루를 넣어 면에 소스가 밸 때까지 끓이고,
↖ 옥수수알은 곁들이는 용으로 약간 남겨요.

OK

그릇에 파스타를 담고 어슷 썬 아삭이고추와 옥수수알을 곁들여 마무리.

마짜면 &
알리고치즈감자

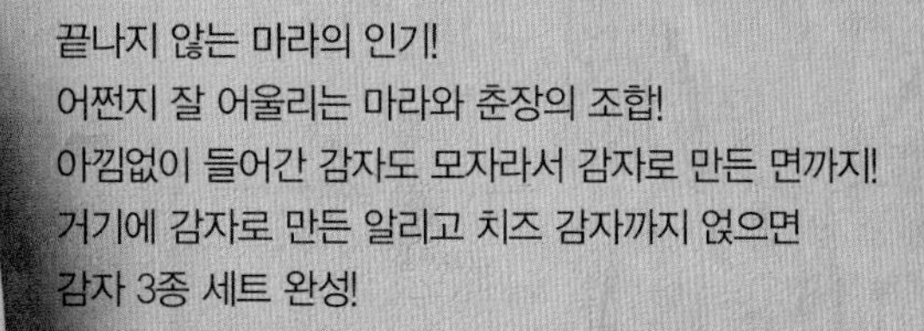

끝나지 않는 마라의 인기!
어쩐지 잘 어울리는 마라와 춘장의 조합!
아낌없이 들어간 감자도 모자라서 감자로 만든 면까지!
거기에 감자로 만든 알리고 치즈 감자까지 얹으면
감자 3종 세트 완성!

필수 재료

감자(4개)
양파(1개)
양배추($\frac{1}{8}$개)
간 돼지고기(100g)
감자전믹스(1봉=1.2kg)
생크림($\frac{1}{2}$컵=100ml)
모차렐라치즈(1봉)

마라샹궈 재료

대파(1대)
양파(1개)
마늘(4쪽)
쥐똥고추(5개)
칵테일새우($\frac{1}{2}$컵)
청경채(3개)
목이버섯(8개)
건두부(2줄) ← 건두부는 미온수에 담가 2시간 불려 준비해요.
슬라이스 연근(8개)

전분물

\+ 전분(4)
\+ 물(2)

↙ 마라샹궈 재료 손질이에요.

1

감자 2개는 1cm 크기로 썰어 끓는 물(4컵)에 2분간 데치고, 남은 2개는 껍질을 벗겨 끓는 소금물(물5컵+소금1)에 삶아 곱게 으깨고,

2

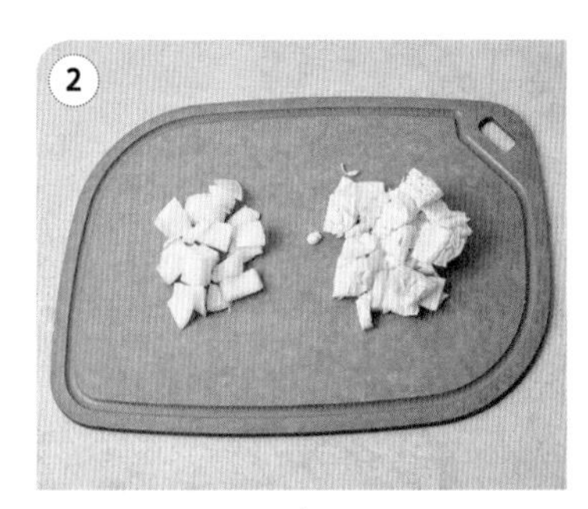

양파(1개)와 양배추($\frac{1}{8}$개)는 한입 크기로 썰고, ↖ 짜장 재료 손질이에요.

3

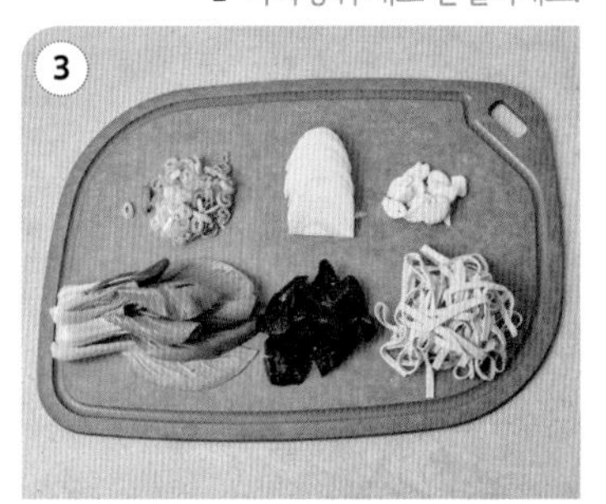

대파는 송송 썰고, 양파(1개)는 채 썰고, 마늘은 납작 썰고, 청경채는 길게 4등분 하고, 목이버섯은 절반으로 자르고, 건두부는 5cm 길이로 썰고,

4

팬에 춘장(3)과 식용유(3)를 섞어 약한 불에서 고루 저으면서 춘장이 끓어 오를 때까지 볶아 꺼내고,

↖ 생춘장은 쓴맛이 나기 때문에 반드시 기름에 볶아주세요.

5

중간 불로 달군 팬에 식용유(2)를 두른 뒤 간 돼지고기를 넣어 볶다가 돼지고기 색이 변하면 양파와 양배추를 넣어 볶고,

6

양파가 투명해지면 볶은 춘장(3)을 넣고 볶다가 물(2컵)과 설탕(1.5)을 넣어 끓어오르면 **전분물**로 농도를 맞춰 짜장소스를 만들고,

7

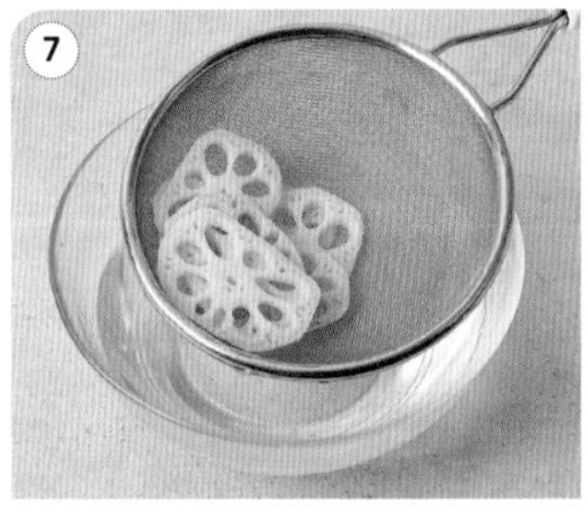

끓는 식초물(물3컵+식초1)에 슬라이스 연근을 넣어 3분간 데쳐 건지고,

8

중간 불로 달군 팬에 식용유(2)를 두른 뒤 송송 썬 대파와 채 썬 양파, 마늘, 쥐똥고추, 칵테일 새우를 넣어 노릇하게 볶고,

9

데친 연근, 손질한 청경채, 목이버섯, 건두부, 마라샹궈소스를 넣고 고루 볶아 마라샹궈를 만들고,

3 인분

양념

소금(1.5)
춘장(3)
설탕(1.5)
식초(1)
마라샹궈소스(1봉)
버터(2)
후춧가루(약간)

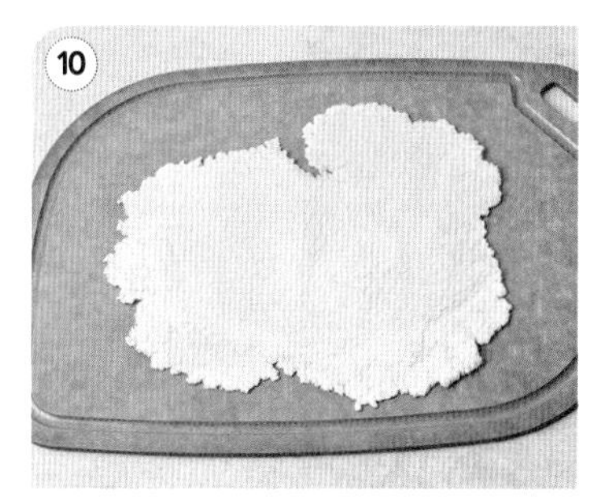

감자전믹스에 뜨거운 물(3컵)을 섞어 치댄 뒤 도마에 밀가루(약간)를 뿌려 반죽 밀대로 밀고,

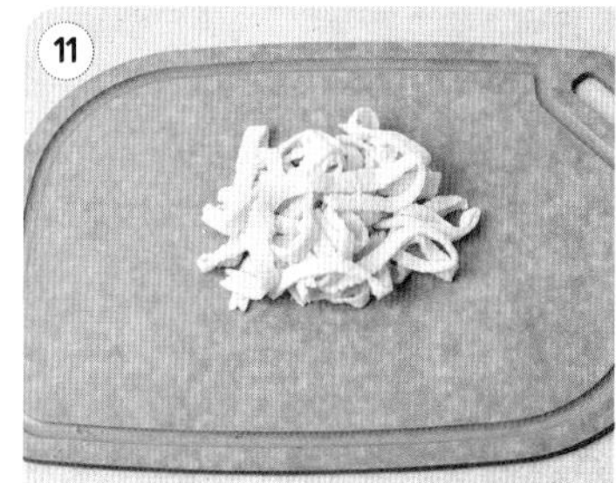

펼친 반죽은 0.5cm 넓이로 잘라 국수를 만들고,

끓는 물(5컵)에 감자면을 넣어 1분간 삶아 찬물에 헹군 뒤 체에 밭쳐 물기를 제거하고,

냄비에 생크림($\frac{1}{2}$컵)과 버터(2)를 넣고 중간 불로 버터를 녹이며 섞고,

으깬 감자와 소금(0.5), 후춧가루를 넣어 섞은 뒤 모차렐라치즈를 넣고 약한 불에서 섞어 알리고치즈감자를 만들고,

만들어 놓은 짜장소스와 마라샹궈를 잘 섞은 뒤 익힌 감자면을 넣어 소스가 잘 배도록 볶고,

OK

볶은 면과 소스를 그릇에 담고 알리고치즈감자를 올려 마무리.

커피 떡볶이

곶감쟁앙금버터빵

콰트로 치즈 파니니

꼬꼬빵

몽떡

피카소의 점심

진미채우유떡볶이

떡빠빠오

감귤 프렌치 토스트

묵은지 감자떡

신상출시 편스토랑

3 베이커리&떡코너

"
편스토랑과의 만남은
빵떡궁합
"

신상출시 편스토랑

커피 떡볶이

세상에 이런 떡볶이는 없었다!
무수히 많은 떡볶이 중에서 비슷한 떡볶이도 없었던 신종 떡볶이!
도전의식이 강하신 분들 호기심을 거두지 마세요!

3 인분

필수 재료

베이컨(4줄)
어묵(1장=50g)
쌀떡(200g)
바닐라맛 아이스크림(3)
우유($\frac{1}{3}$컵) ↖ 우유 대신 생크림을 사용해도 좋아요.
인스턴트 블랙커피(4g)

선택 재료

청양고추(1개)

양념

버터(1=10g)

1 베이컨과 어묵은 한입 크기로 썰고, 청양고추는 송송 썰고,

2 중간 불로 달군 팬에 버터(1)를 녹인 뒤 베이컨을 넣어 2분간 볶고,

3 쌀떡을 넣어 2분간 볶은 뒤 떡이 말랑하게 익으면 어묵을 넣어 2분간 볶고,

4 바닐라맛 아이스크림을 넣어 졸이고, 우유($\frac{1}{3}$컵)를 넣어 농도를 조절하고,

5 인스턴트 블랙커피는 따뜻한 물($\frac{1}{4}$컵)에 녹여 떡볶이에 넣어 잘 섞고,

6 그릇에 커피떡볶이를 담은 뒤 송송 썬 청양고추를 뿌려 마무리.

OK

신상출시 편스토랑

곶감잼앙금버터빵

딸기잼, 블루베리잼, 사과잼 …
자주 먹어 물린 잼은 이제 그만, 새로운 곶감잼을 만나볼 때입니다.
두툼한 버터와의 조합이 앙버터빵을 잊게 하네요.

필수 재료

흑설탕(1컵)
비정제 사탕수수(1컵)
곶감(6~7개=300g)
생크림($1\frac{1}{4}$컵)
식빵(2쪽)

양념

가염버터($\frac{1}{3}$개=8g)

1 흑설탕과 비정제 사탕수수를 1:1 비율로 섞고,

2 곶감을 넣고 약한 불로 타지 않게 저어가며 졸이고,

3 생크림을 넣어 졸아들 때까지 저은 뒤 불을 끄고 상온에서 식혀 곶감잼을 만들고,

↖ 많은 양의 잼을 만드신다면 생크림을 2~3번에 나눠서 넣어 주세요. 졸여진 잼은 1시간 정도 식힌 뒤 소독한 병에 담아 보관하세요. 일주일 후에 더욱 맛있는 잼이 된답니다.

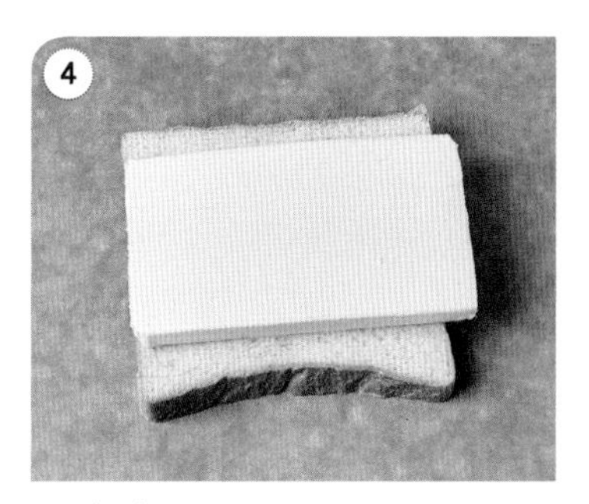

4 식빵(1쪽)에 가염버터를 올리고,

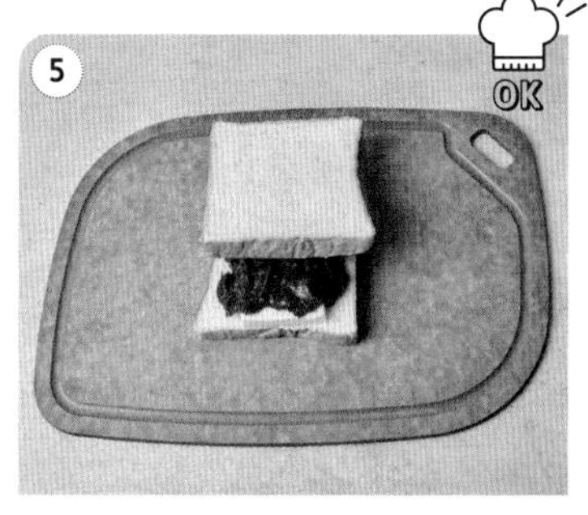

5 곶감잼을 듬뿍 올린 뒤 나머지 식빵(1쪽)으로 덮어 마무리.

OK

콰트로 치즈 파니니

치즈의 총집합체!
식빵을 가장 맛있게 만드는 방법은
가장 대중적이고 맛있는 치즈 4가지가 모이는 것!

필수 재료

식빵(2쪽)
딸기잼(2)
체더치즈(1개)
하우다치즈(2조각)
통모차렐라치즈(3조각)
버터(2)
그라나파다노치즈(약간)
메이플 시럽(1)

식빵(1쪽)에 딸기잼을 바른 뒤 체더치즈, 하우다치즈를 올리고,

다른 식빵(1쪽) 위에 통모차렐라치즈를 올리고,

빵 두 쪽을 치즈가 맞닿도록 합치고, 버터를 발라 약한 불로 예열한 팬에 올려 앞뒤로 익히고,

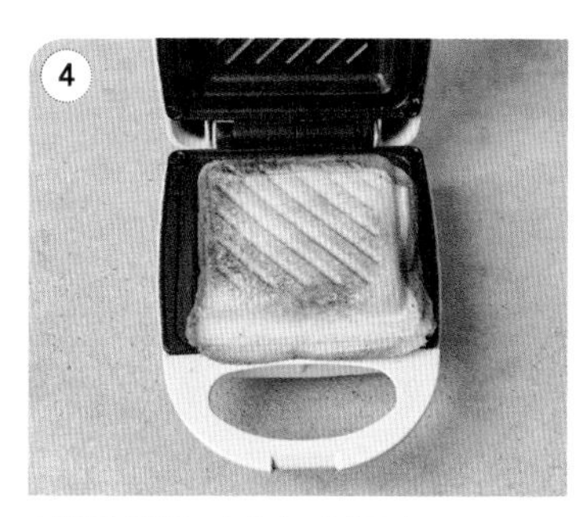

익혀낸 빵을 파니니 기계로 누르고,

완성된 파니니 위에 그라나파다노치즈를 갈아 얹고, 메이플 시럽을 뿌려 마무리.

↖ 부라타 치즈 샐러드에 활용한 장식용 호두구이를 올리면 좋아요.

꼬꼬빵

겉은 평범한데 반으로 가르면 신선한 비주얼이 반기는 꼬꼬빵!
달걀과 설탕을 섞어 만든 퍼이텅을 가득 넣어 만든 태국식 달걀빵이에요!
부드러운 식감에 달콤함까지 모두 잡았답니다.

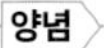

필수 재료

달걀노른자(6개)
강력분(3컵)
생이스트(1.5=14g)
달걀(1개)
생크림($\frac{3}{4}$컵)

양념

설탕(3컵=430g)
바닐라빈(1개)
무염버터(6=60g)
소금(0.5) ↖ 버터는 실온에 10분간 꺼내 말랑한 상태로 준비해요.

냄비에 물(500ml), 설탕(2$\frac{1}{2}$컵), 바닐라빈을 넣고 중간 불로 6분간 끓여 시럽을 만들고,

설탕이 녹으면 바닐라빈을 건지고,

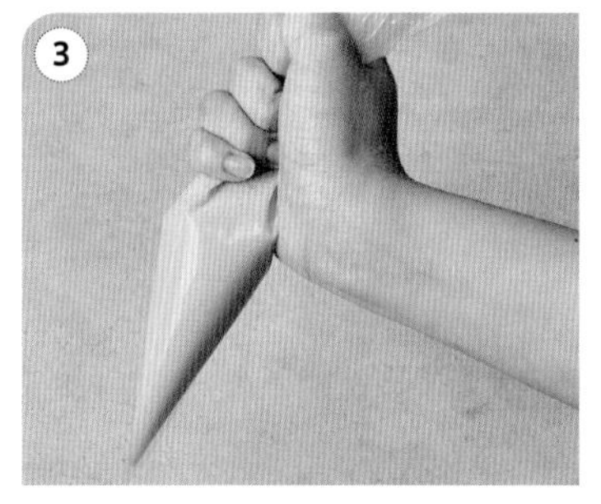

달걀노른자(6개)를 풀어 체에 거른 뒤 짤주머니에 채워 넣고,

짤주머니의 끝을 0.1mm 정도로 살짝 잘라 끓는 시럽에 원을 그리며 국수처럼 짜고,

1분간 눌어붙지 않게 저어가며 익힌 뒤 건져 체에 밭쳐 퍼이텅을 만들고,
↖ 최대한 시럽 물기를 털어내요.

강력분은 체친 뒤 구멍을 세 개 파서 설탕(3), 소금(0.5), 생이스트(1.5)를 각각 넣어 잘 섞고, ↖ 소금과 이스트가 닿으면 발효가 안 되니 주의하세요.

달걀과 생크림을 넣어 반죽한 뒤 무염버터(5)를 넣어 20분간 반죽하고,
↖ 반죽기를 사용한다면 5~10분간 반죽해주세요.

반죽을 볼에 담은 뒤 랩을 씌워 15분간 발효하고,
↖ 습하고 따뜻한 곳에서 발효해요.

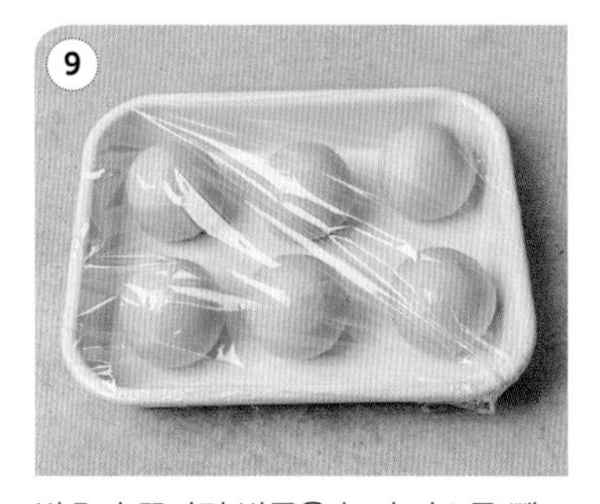

발효가 끝나면 반죽을 눌러 가스를 뺀 뒤 90g씩 떼어 둥글린 후 랩을 씌워 10~15분간 중간발효하고,

중간발효가 끝나면 가스를 뺀 뒤
밀대로 살짝 밀어 반죽을 펴고,
퍼이텅(40g)을 넣어 동그랗게 감싸고,

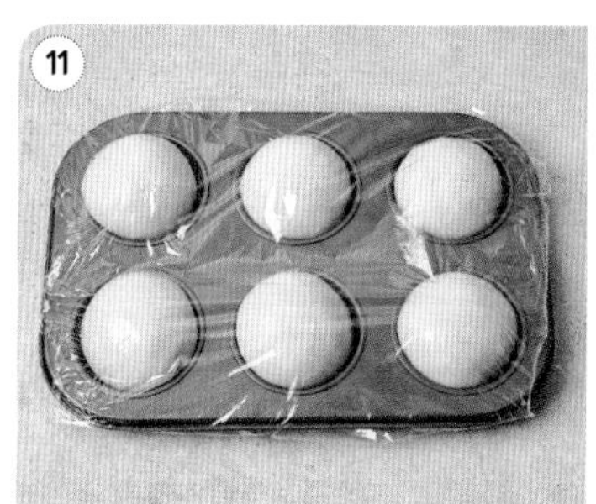

머핀틀에 넣어 랩을 씌운 뒤 30분간
2차 발효하고,

180℃로 예열한 오븐에 넣어 20분간
구운 뒤 녹인 버터(1)를 발라 마무리.

tip box

태국의 특별한 간식 퍼이텅 ฝอยทอง

태국인들이 사랑하는 태국 국민 간식, 퍼이텅! 주로 반죽이나 빵에 곁들여 먹어요. 신선한 비주얼이지만 익숙한 맛이라 누구나 맛있게 즐길 수 있어요. 퍼이텅은 바닐라빈과 설탕을 넣고 끓인 시럽에 달걀노른자를 실처럼 가늘게 풀어서 만든 달콤하고 촉촉한 베이스예요. 바닐라빈이 달걀의 비린내를 잡아주고 설탕이 달콤함을 더해줘요. 먹어 보기 전에는 맛을 상상할 수 없는 비주얼이죠? 달걀노른자를 시럽에 풀 때 덩어리지지 않도록 크게 원을 그리는 것이 포인트! 심심한 빵에 달콤함을 더하고 싶을 때 퍼이텅을 곁들여보세요!

신상출시 편스토랑

몽떡

크림스파게티만 담아 먹던 파네 하드롤 속에 부드러운 치즈가 가득!
치즈를 걷으면 매콤한 떡볶이가 드러나요.
이름 그대로 한 시간 만에 뚝!딱! 만드는 고추장 비결까지 소개합니다.

필수 재료

대파(1대)
어묵(5장)
삶은 달걀(3개) ← 끓는 물(4컵)에 달걀을 넣어 8분간 삶아주세요.
파네 하드롤(3개)
데친 비엔나소시지(1컵=300g)
쌀떡볶이떡(1kg)
슈레드 모차렐라치즈(1봉=500g)
체더치즈(3장) ↖ 기호에 맞게 조절해요.

선택 재료

파슬리 가루(약간)

육수 재료

대파(2대)
다시마(5x5cm, 2장)

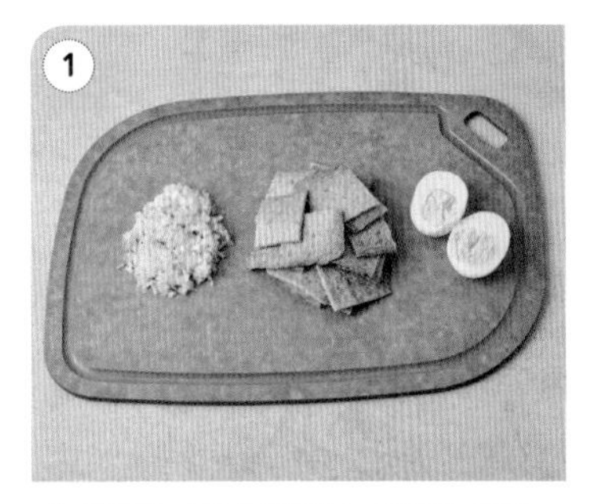

1 대파(1대)는 잘게 다지고, 어묵은 한입 크기로 자르고, 삶은 달걀은 반으로 자르고,

2 센 불로 달군 팬에 육수용 대파(2대)를 넣어 8분간 굽고,

3 냄비에 구운 대파, 다시마, 물(7컵)을 넣어 중간 불에 10분간 끓여 육수를 만들고,

4 파네 하드롤은 속을 파내고,

5 중간 불로 달군 팬에 식용유(4)와 다진 대파를 넣어 3분간 볶고,

6 뚝딱고추장(2.5)을 넣어 2분간 볶고,

7 육수($1\frac{1}{2}$컵)를 넣어 3분간 끓이고,

8 손질한 어묵, 데친 비엔나소시지, 쌀떡볶이떡을 넣어 8분간 끓이고,

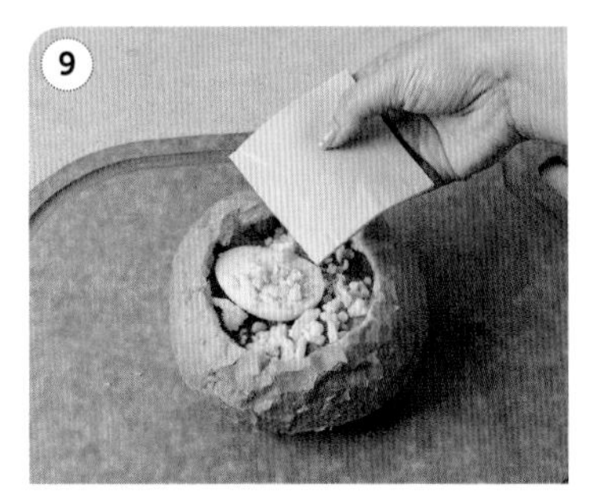

9 손질한 파네 하드롤에 떡볶이를 담고, 달걀 → 슈레드 모차렐라치즈 → 체더치즈 순으로 올리고,

양념

뚝딱고추장(2.5)

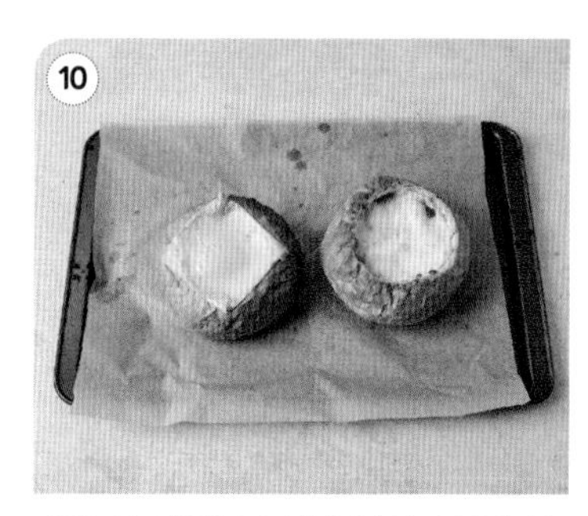

180℃로 예열한 오븐에 넣어 10분간 굽고,

파슬리가루를 올려 마무리.

tip box 뚝딱고추장 레시피

필수 재료 설탕(400g), 물엿(3kg), 굵은 소금(600g), 고운 고춧가루(6kg) ← 두고두고 먹을 수 있는 양이에요.

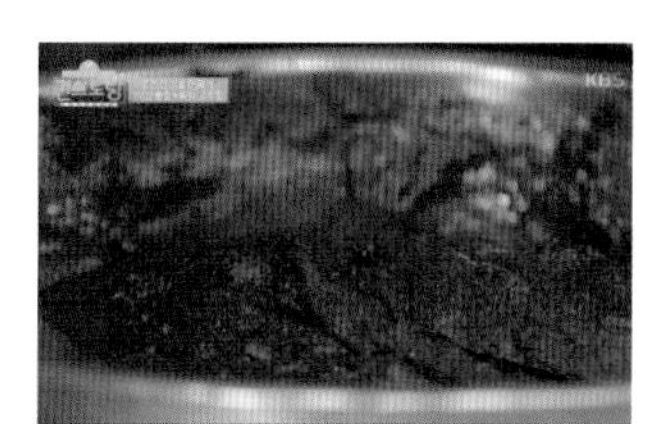

1 냄비에 물(840ml)과 설탕을 넣어 중간 불로 끓이고,
↖ 약~중간 불에 두고 미지근한 상태로 설탕을 녹여요.
2 설탕이 녹으면 물엿을 넣고 섞은 뒤 끓기 전에 굵은 소금을 넣어 끓이고,
3 끓어오르면 불을 끈 뒤 차갑게 식히고,
4 식은 설탕물에 고운 고춧가루를 체에 쳐 걸러 넣고,
↖ 체로 쳐서 걸러야 덩어리지지 않아요.
5 고루 섞은 뒤 항아리에 담아 숙성해 마무리.

피카소의 점심

마치 피카소의 그림을 식빵 위에 옮겨 놓은 듯, 예술작품이 음식으로 탄생했어요!
총천연색의 과일을 활용해 한 폭의 그림처럼 장식했어요.
과일 옆에 묵직하게 자리를 차지한 부위별 돼지고기도 놓치지 마세요!

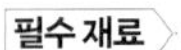

필수 재료

돼지고기(갈매기살, 삼겹살, 목살, 앞다릿살 각 50g)
딸기(5개) ↖ 돼지고기는 우삼겹처럼 얇게 썰어 준비해요.
무화과(2개)
영양부추(1줌)
식빵(2쪽)
크림치즈(1개=200g)
비트 원액($\frac{1}{2}$컵)
↖ 과일은 블루베리, 청포도 등 다양하게 사용하세요.

양념장

+ 배즙(2)
+ 사과즙(1)
+ 생강즙(1)
+ 게장 간장(9)
+ 매실액(1) ↖ 게장 간장 대신 일반 간장을 사용해도 좋아요.
+ 꿀(1)

1 팬에 얇게 썬 돼지고기를 넣고 앞뒤로 2분간 익혀 건지고,
↖ 고기는 80%만 익혀줘요.

2 팬의 기름기를 닦은 뒤 익힌 돼지고기에 **양념장**을 발라 앞뒤로 2분간 익히고,
↖ 앞뒤로 양념을 3번씩 발라 바싹 익혀줘요.

3 양념을 발라 초벌한 돼지고기를 석쇠에 올려 불이 은은하게 남은 참숯 위에 1분간 훈연해 향을 입히고,

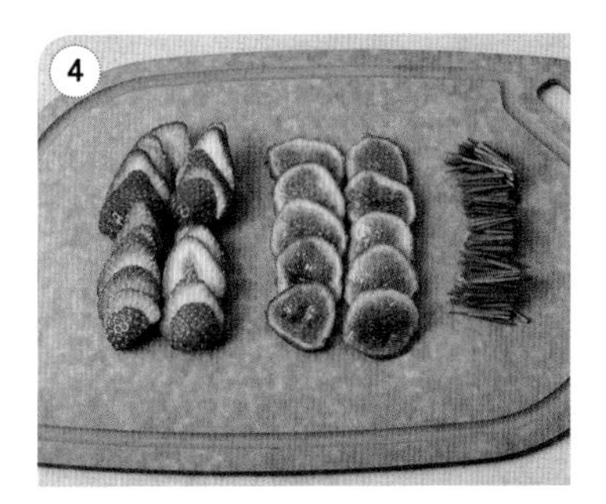

4 딸기와 무화과는 얇게 슬라이스하고, 영양부추는 2cm 길이로 썰고,

5 중간 불로 달군 마른 팬에 식빵을 넣고 앞뒤로 1분씩 굽고,

6 크림치즈에 비트원액을 넣어 고루 섞은 뒤 식빵(1쪽) 절반에 바르고,
↖ 녹차가루나 블루베리잼을 이용해 다른 색을 내도 좋아요.

7 크림치즈 바른 면 위에 과일을 올리고, 식빵의 남은 부분에 돼지고기구이를 여러 겹 올리고,

8 영양 부추를 올려 마무리.

OK

진미채우유떡볶이

보기만 해도 우리 아이가 너무 좋아할 것 같은 우유떡볶이에요!
느끼함을 잡아주는 진미채를 얹어 어른들도 즐길 수 있어요.
쫄깃한 떡+부드러운 진미채+고소한 우유=최고의 간식!

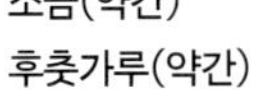

필수 재료

진미채(2줌)
양파($\frac{1}{2}$개)
마늘(5쪽)
밀떡(500g)
육수(1컵) ↖ 육수는 끓는 물(2컵)에 다시마(5x5cm, 2장), 국물용 멸치(8마리)를 넣고 30분간 끓여 준비해요. 시판 육수를 사용해도 좋아요.
우유(1$\frac{1}{2}$컵)

선택 재료

청양고추(4개)

양념

버터(3조각=30g)
올리고당(1)
소금(약간)
후춧가루(약간)

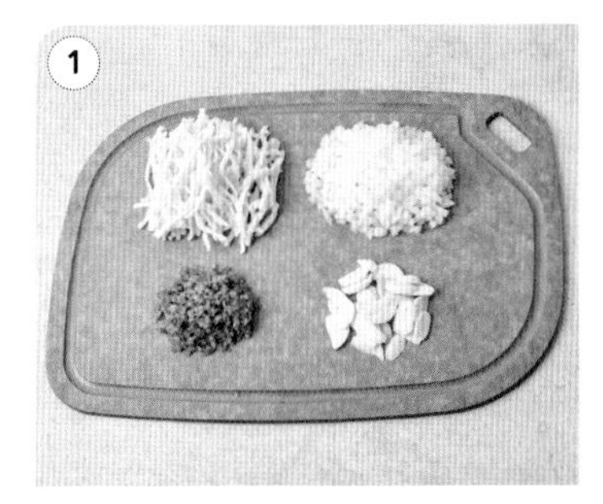

진미채는 물(5컵)에 담가 5분간 불려 물기를 꽉 짠 뒤 5~6cm 길이로 자르고, 양파와 청양고추는 다지고, 마늘은 납작 썰고,

중간 불로 달군 팬에 버터(1조각)를 넣어 녹인 뒤 손질한 양파와 마늘, 소금, 후춧가루를 넣어 노릇하게 볶고,

손질한 진미채(1$\frac{1}{2}$줌)를 넣어 볶다가 밀떡을 넣어 볶고, ↖ 진미채는 토핑용 ($\frac{1}{2}$줌)을 남기고 사용해요.

떡이 살짝 잠길 정도로 육수(1컵)를 넣어 조리고,

다진 청양고추와 우유(1$\frac{1}{2}$컵)를 넣어 뭉근히 조리고,

중간 불로 달군 다른 팬에 버터(2조각)와 진미채($\frac{1}{2}$줌)를 넣어 볶고,

진미채가 노릇해지면 올리고당(1)을 넣어 볶고,

접시에 떡볶이를 담은 뒤 볶은 진미채를 올려 마무리.

신상출시 편스토랑

떡빠빠오

마카오의 국민 간식 쭈빠빠오를 빵 대신 떡을 이용해 만들었어요.
겉은 바삭 속은 부드러운 구운 떡이 식감의 포인트,
캐러멜라이징한 양파와 청양 마요네즈 소스가 맛의 포인트예요!

필수 재료

돼지고기(갈빗살, 300g)
양파(5개)
기지떡(1판)

양념

버터(3)
설탕($\frac{1}{2}$컵)

갈비양념

설탕($\frac{1}{2}$컵)
소금(1)
맛술(1)
생강술(2)
간장(9)
노추(5) ↖ 중국의 전통 간장이에요.
배($\frac{1}{2}$개)
사과($\frac{1}{2}$개)
양파(1개)
마늘(2쪽)
후춧가루(1)

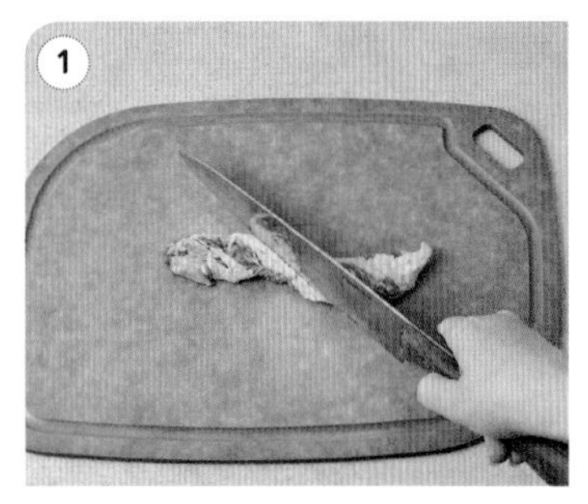

1 돼지고기는 칼등으로 두드리고
↖ 돼지고기를 부드럽게 만드는 과정이에요.

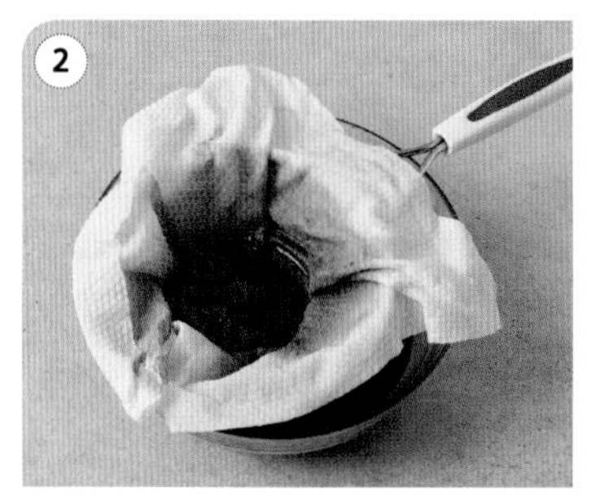

2 믹서에 **갈비양념** 재료를 넣고 갈아 면포에 한 번 거르고,

3 면포에 거른 갈비양념에 돼지고기를 담가 4~5시간 이상 재우고,

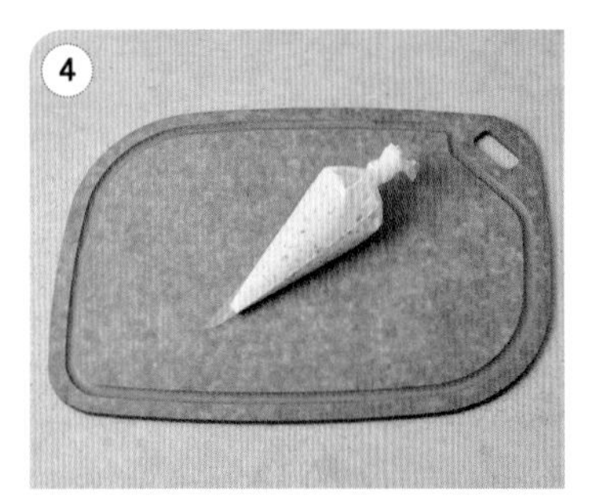

4 청양고추와 할라페뇨는 씨를 빼 곱게 다진 뒤 마요네즈(10), 레몬즙(0.5)과 섞고, 짤주머니에 담아 **청양마요네즈 소스**를 만들고,

5 양파(4개)는 채 썰어 버터(1)와 함께 그릇에 담아 전자레인지에 10분간 돌리고,
↖ 양파의 캐러멜라이징을 빨리 하기 위한 방법이에요!

6 중간 불로 달군 팬에 익힌 양파(4개)와 설탕($\frac{1}{2}$컵)을 넣어 40분간 볶아 양파를 캐러멜라이징하고,

7 양파가 완전히 갈색으로 변하면 불을 끄고 버터(1)를 넣어 여열에 한 번 더 고루 섞고,

8 양파(1개)는 얇게 채 썰어 찬물(3컵)에 10분간 담가놓고,

9 중간 불로 달군 팬에 양념한 고기를 넣어 앞뒤로 3분간 굽고,

청양고추(2개)
할라페뇨(1개)
마요네즈(10)
레몬즙(0.5)

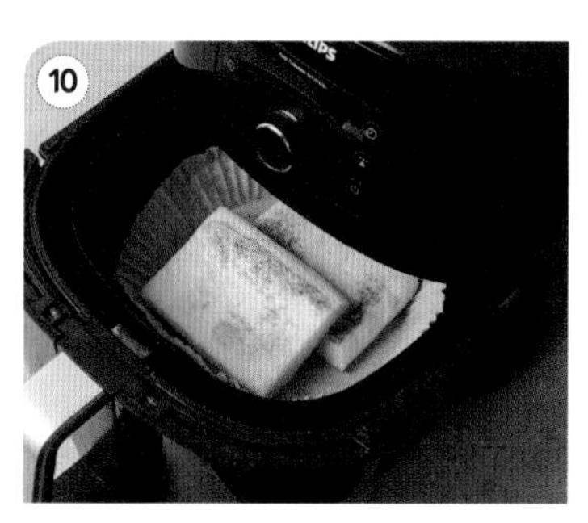

기지떡은 직사각형으로 자르고 버터(1)를 한쪽 면에 발라 에어프라이어에 넣고 160℃에서 5분간 굽고,

구운 기지떡 위에 캐러멜라이징한 양파 → 구운 고기 → 청양마요네즈소스 → 생양파 순으로 올리고 다시 구운 기지떡을 덮어 마무리.

마카오에서 반드시 먹어야 할 음식, 쭈빠빠오猪扒包

쭈빠빠오는 양념에 재운 돼지고기를 기름에 바삭하게 튀겨 바게트 사이에 통째로 넣은 마카오식 햄버거예요. 포르투갈이 마카오를 지배할 당시, 본국의 음식이 그리웠던 포르투갈인들이 빵에 고기를 끼워 먹던 것이 쭈빠빠오의 시작이라고 해요. 포르투갈의 음식과 마카오의 문화가 만나 새롭게 탄생한 음식을 통칭하는 '매캐니즈(Macanese) 음식' 중의 하나이죠! 특별한 토핑, 속 재료 없이도 달콤한 고기와 촉촉한 빵의 조화로 부족함을 느끼지 않고 맛있게 즐길 수 있어요. 돼지고기가 통째로 들어가 한 끼 식사로도 거뜬해요!

신상출시 편스토랑

감귤 프렌치 토스트

이미 그 자체로 달고 촉촉해 완성형인 프렌치 토스트에
감귤 껍질을 솔솔 갈아 올리고, 구운 감귤까지 올려 상큼함을 더했어요.
간편하게, 하지만 특별한 아침 식사를 원하는 날 먹기 좋아요!

필수 재료

귤(1개)
브리오슈 식빵(2장)

달걀물

+ 달걀(2개)
+ 우유(1컵=200ml)
+ 생크림(1컵=200ml)
+ 소금(0.5)
+ 설탕(1)

↖ 설탕이 녹을 때까지 잘 섞어요.

양념

버터(2)
슈가파우더(약간)

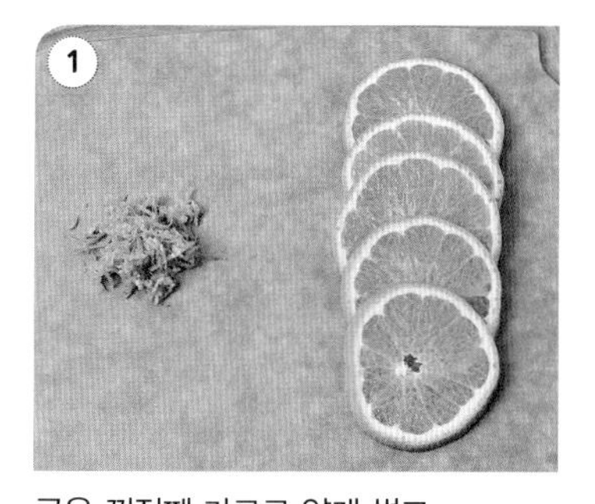

귤은 껍질째 가로로 얇게 썰고,
귤 껍질은 제스터로 갈고.

↖ 제스터 대신 감자칼, 치즈 그레이터, 강판 등을 사용해도 좋아요.

브리오슈 식빵은 **달걀물**에 담가 10분간 두고.

중간 불로 달군 팬에 얇게 썬 귤을 올려 앞뒤로 1분간 구운 뒤 토치로 색을 내고.

중간 불로 달군 팬에 버터(1)를 두른 뒤 달걀물을 적신 식빵을 올려 설탕(1)을 뿌려가며 2분간 굽고.

↖ 취향에 따라 버터와 설탕을 추가해 풍미를 더해도 좋아요.

접시에 구운 프렌치 토스트를 담은 뒤 위에 버터(1)를 올리고.

↖ 구운 식빵의 열기가 남아 있을 때 버터를 올려주세요.

빵 위에 구운 귤을 올리고, 귤껍질 제스트와 슈가파우더를 뿌려 마무리.

신상출시 편스토랑

묵은지 감자떡

쫀득쫀득한 식감이 매력인 감자떡에 흔히 넣는 소 대신 당면과 묵은지를 넣었어요.
한국인의 맵부심을 자랑할 수 있는 매운맛 버전도 있으니 놓치지 마세요!

필수 재료

감자(8개)
전분(1컵)
부추(5개)
삶은 당면(1줌)
묵은지(1포기)

↖ 당면은 끓는 물에 3분간 삶아 찬물에 헹구고, 묵은지는 흐르는 물에 헹궈 준비해요.

선택 재료

고춧가루(2)
굴소스(1)
간 돼지고기(1컵)
들깻가루(1컵)
대파(1대)
매운 김치(1컵)

양념장

+ 케첩(3)
+ 올리고당(1)
+ 설탕(1)
+ 고추장(0.5)
+ 고춧가루(0.5)
+ 간장(0.5)
+ 다진 마늘(0.5)
+ 물(3)

양념

소금(0.6)
간장(2)
설탕(1)
다진 마늘(0.2)
참기름(0.5)
후춧가루(0.3)

1 감자는 믹서에 곱게 간 뒤 면포에 담아 물기를 꽉 짜고,

↖ 면포로 걸러낸 물은 전분이 가라앉을 때까지 두었다가 윗물만 버린 뒤 사용해요.

2 가라앉은 전분을 걸러서 전분(1컵), 간 감자, 소금(0.3)과 섞고, 치대면서 뭉쳐 반죽을 만들고,

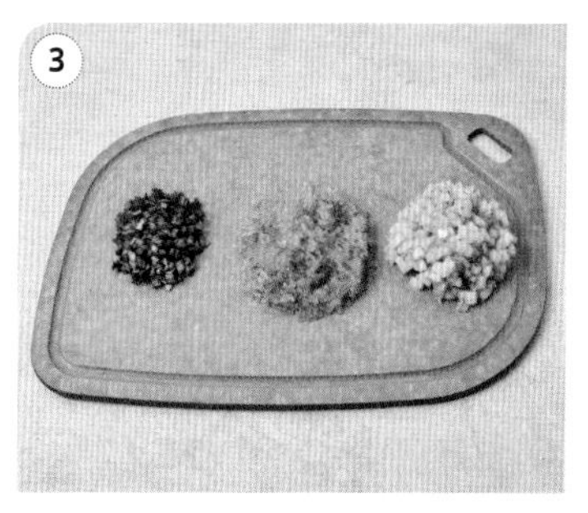

3 부추는 송송 썰고, 삶은 당면과 묵은지는 잘게 썰고,

4 잘게 썬 당면에 간장(2), 설탕(1), 다진 마늘(0.2), 참기름(0.5)을 넣어 고루 버무리고,

↖ 고춧가루(2), 굴소스(1)를 더하면 매운 버전!

5 중간 불로 달군 팬에 식용유(2)를 두른 뒤 양념한 당면이 반 정도 익을 때까지 볶고,

6 볶은 당면에 손질한 부추와 묵은지, 소금(0.3), 후춧가루(0.3)를 넣어 버무리고,

↖ 간 돼지고기(1컵), 들깻가루(1컵), 송송 썬 대파(1대), 매운 김치(1컵)를 더하면 매운 버전!

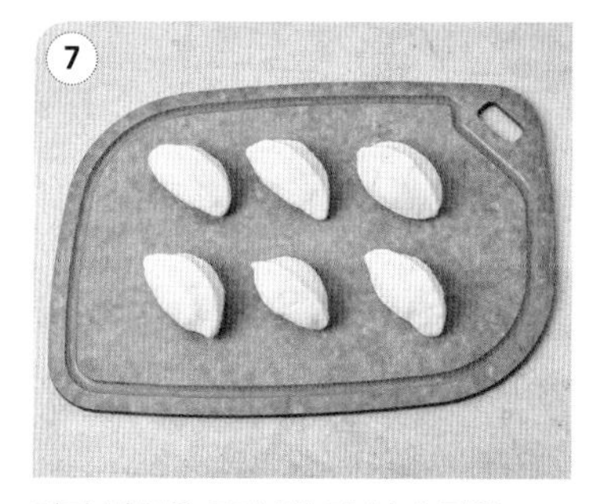

7 감자 반죽을 6등분한 뒤 넓게 펼쳐 소를 넣고, 감자떡 모양으로 빚고,

8 냄비에 찜기를 올리고, 감자떡을 넣어 끓는 물에 20분간 찌고,

9 감자떡을 **양념장**에 버무리고 그릇에 담아 마무리.

월남쌈튀김

표고샤

닭가슴살 부라타치즈 샐러드

명란멘보샤

연.정.쌈

탕수육 소스

우리 밀 유럽투어

쯤

포테이토 드림

김치를 말았전

매생이 달걀말이

홍합초

주꾸미감자샐러드(풀포)

토마토바지락술찜

봄 미나리 된장무침

신상출시 편스토랑

4 프리미엄코너

"

편스토랑으로 프리미엄이 붙은
당신의 식탁

"

신상출시 편스토랑

월남쌈튀김

건강한 채소를 가득 넣어 돌돌 말아 먹는 월남쌈을 기름에 튀겨 바삭함을 더했어요.
담백한 밤버터소스를 곁들여 새롭게 즐겨보세요!

2 인분

필수 재료

라이스 페이퍼(7장)

월남쌈 속재료

적양배추($\frac{1}{8}$통)
부추($\frac{1}{8}$단)
표고버섯(5개)
파프리카(빨강, 노랑 각 $\frac{1}{2}$개)
훈제오리(10조각)
로메인상추(5장)
무순(30g)

밤버터소스

삶은 밤(8개)
우유(1컵)
땅콩버터(1.5)
미숫가루(2)
꿀(1.5)

1

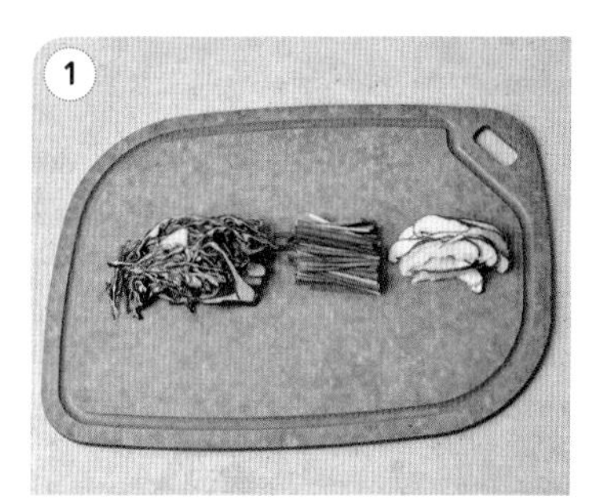

적양배추는 채칼을 이용해 얇게 채 썰고, 부추는 잘게 자르고, 표고버섯은 기둥을 제거해 얇게 채 썰고,

2

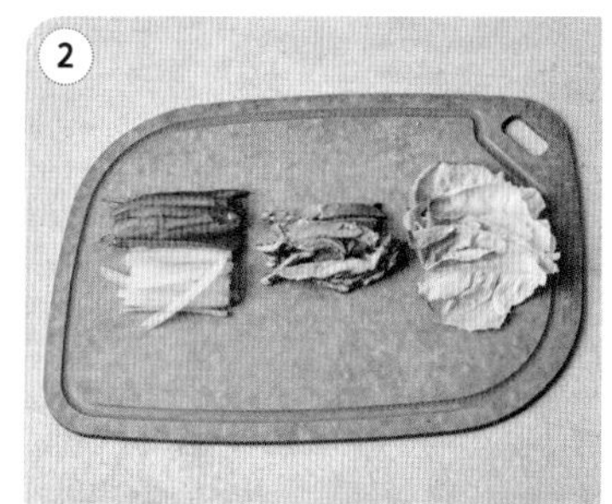

파프리카는 길게 채 썰고, 훈제오리는 1cm 두께로 썰고, 로메인상추는 2등분 하고,

3

따뜻한 물에 라이스페이퍼를 한 장씩 넣어 적신 후 식용유를 골고루 바른 그릇 위에 올리고,

4

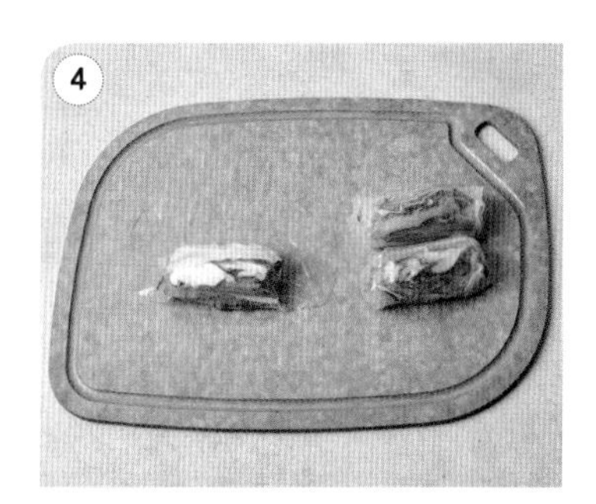

라이스페이퍼 위에 손질한 **월남쌈 속재료**를 올려 돌돌 말고,

5

중간 불로 달군 팬에 식용유를 두른 뒤 월남쌈을 넣어 겉면이 바삭해지게 튀기고,

↖ 튀기는 시간이 길어질수록 채소에서 물이 나오니 겉이 노릇해지면 바로 꺼내요.

6

OK

밤버터소스 재료를 믹서에 갈아 월남쌈 튀김에 곁들여 마무리.

↖ 월남쌈튀김을 밤버터 소스에 찍어 먹으면 달콤하고 담백하게 즐길 수 있어요.

표고샤

표고버섯의 은은한 향과 새우의 부드러움이 만나
고급스러운 요리가 되었습니다.
칠리소스의 매콤함이 튀김의 느끼함을 잡아줘요!

필수 재료

표고버섯(4개)
생새우(17마리)
스트링 치즈(3개)
달걀(3개)
튀김가루($\frac{2}{3}$컵)
찹쌀가루($\frac{2}{3}$컵)
파슬리가루(약간)
쌀눈(약간)
전분(0.3)
대추칩(5개)

밑간

후춧가루(약간)
소금(약간)
설탕(약간)
식용유(0.5)
감자전분(0.2)
레몬즙(0.2)

선택 재료

토마토소스(2)

칠리소스

다진 마늘(1.2)
다진 홍고추(1.5)
물($\frac{2}{3}$컵)
설탕(2.5)
소금(0.3)
케첩(2)
식초(2.5)

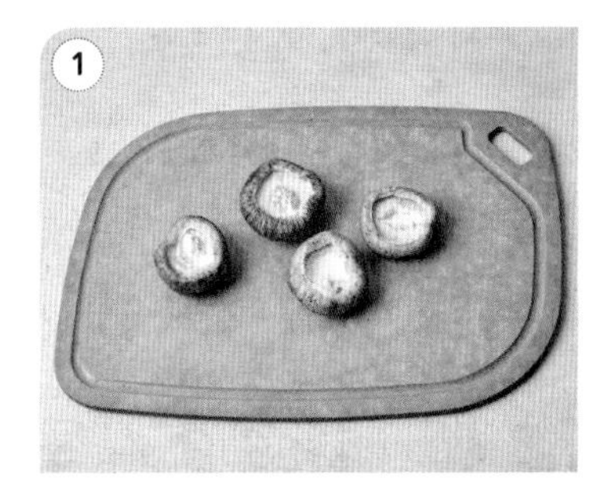

1 표고버섯은 밑동을 제거하고,

2 생새우는 껍질을 벗겨 칼 옆면으로 으깬 뒤 잘게 다져 **밑간**하고,

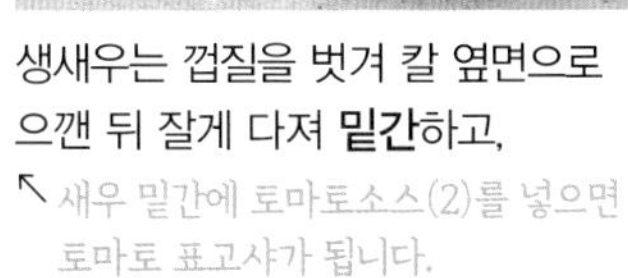

↖ 새우 밑간에 토마토소스(2)를 넣으면 토마로 표고샤가 됩니다.

3 표고버섯 안쪽에 스트링치즈 → 동그랗게 만 새우 반죽을 올리고,

4 달걀을 푼 뒤 속을 채운 표고버섯에 입히고,

5 튀김가루와 찹쌀가루를 1:1 비율로 섞고, 달걀물을 입힌 표고버섯에 골고루 묻혀 120℃ 기름에서 5~6분간 튀겨내고,

6 노릇하게 튀겨진 표고샤 위에 파슬리가루와 쌀눈을 솔솔 뿌리고,

7 **칠리소스** 재료를 팬에 넣고 중간 불로 끓이다가 전분(0.3)으로 농도를 맞추고,

8 소스에 대추칩을 올리고, 표고샤에 칠리소스를 곁들여 마무리.

닭가슴살 부라타치즈 샐러드

다이어트하는 분들 주목하세요!
매일 먹는 닭가슴살이 지겹다면 부라타 치즈를 넣은 샐러드에 곁들여보세요!
어쩐지 이번 다이어트는 성공 예감!

필수 재료

닭가슴살(100g)
오색방울토마토(7개)
바질잎(5장)
어린잎채소(200g)
호두(1줌)
부라타치즈(1개)

설탕물

+ 비정제 설탕(4)
+ 물(4)

양념

올리브유(약간)
버터(0.5)
카옌 페퍼(1)
발사믹 식초(약간)

1 닭가슴살은 먹기 좋은 크기로 자르고,

2 팬에 올리브유를 살짝 두른 뒤 닭가슴살과 버터(0.5), 카옌 페퍼(0.5)를 넣고 익을 때까지 볶아 닭가슴살 볶음을 만들고,

3 오색방울토마토는 반으로 썰고, 바질잎과 어린잎채소는 깨끗이 씻고,

4 약한 불로 달군 마른 팬에 호두를 바삭하게 굽고

5 **설탕물**을 넣어 조리고, 카옌 페퍼(0.5)를 뿌려 장식용 호두를 만들고,

6 그릇에 어린잎채소, 오색방울토마토, 바질잎, 닭가슴살 볶음, 부라타치즈, 장식용 호두, 올리브유, 발사믹 식초를 뿌려 마무리.

↖ 기호에 따라 바질 오일 혹은 허브 오일을 곁들이면 좋아요.

구운 바게트를 안쪽에 마늘을 문질러 마늘 향을 배게 한 후, 완성한 닭가슴살 부라타치즈 샐러드를 바게트 속에 넣어 먹으면 든든한 한 끼 식사가 돼요. ↗

신상출시 편스토랑

명란멘보샤

부드러운 식감의 식빵이 기름을 촉촉이 머금어 바삭해졌어요.
담백한 새우 속에 짭짤한 명란이 쏙~!
속을 통통하게 채울수록 더 맛있어요!

필수 재료

통 식빵(1개)
대파(1대)
양파(½개)
새우(300g)
소고기(30g)
저염 명란(1개)
달걀노른자(약간)

양념

페페론치노(10개)
고춧가루(2컵)

반죽 양념

전분(1)
소금(약간)
굴소스(1)
버터(1)

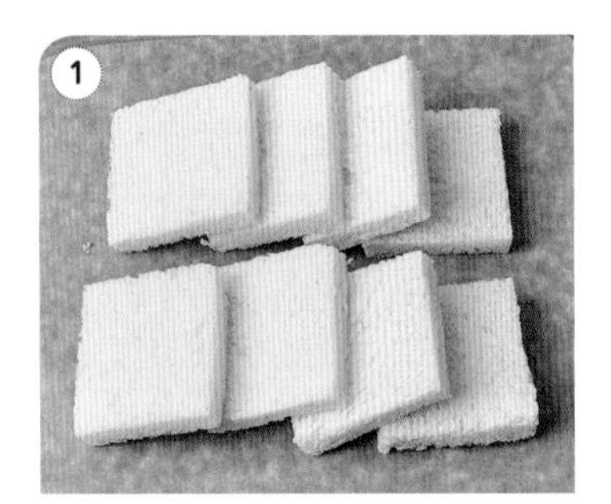

1 통 식빵은 얇게 썬 뒤 4×4cm 크기의 정사각형 모양으로 자르고,

↖ 식빵은 살짝 얼리면 자르기 쉬워요. 테두리와 구멍 난 빵은 사용하지 않아요.

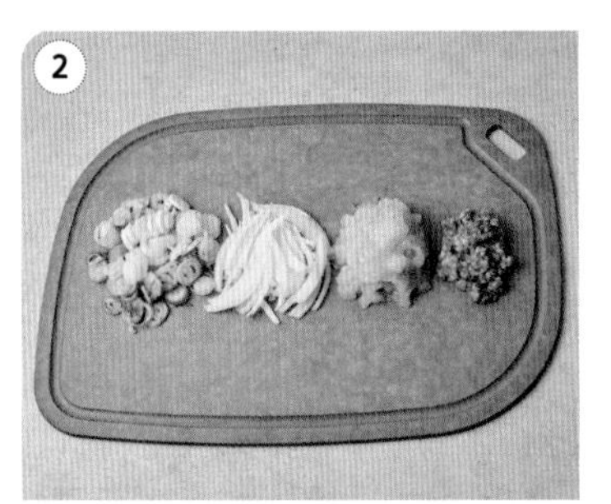

2 대파는 송송 썰고, 양파는 채 썰고, 새우와 소고기는 곱게 다지고,

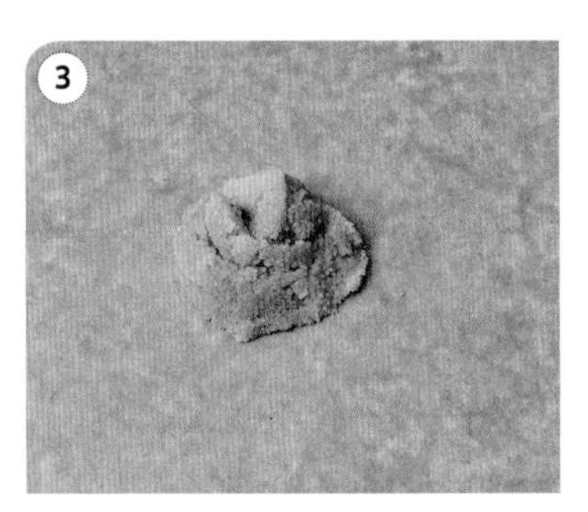

3 저염 명란은 반 갈라 껍질을 벗긴 뒤 칼등으로 긁어 알을 모으고,

4 냄비에 식용유(5컵)를 넣어 중간 불에 4분간 끓인 뒤 대파를 넣어 1분간 끓이고,

5 불을 끄고 양파, 페페론치노(10개), 고춧가루(2컵)를 섞어 고추기름을 만들고,

6 **멘보샤소스**에 고추기름(1.5)을 섞어 3분간 끓이고,

7 다진 새우, 소고기에 달걀노른자를 소량만 넣어 섞고,

8 ⑦에 **반죽 양념**을 넣고 함께 치대서 반죽을 만들고,

9 양념한 반죽을 원형으로 만든 뒤 속 안에 저염 명란을 넣고,

멘보샤 소스

케첩(4)
시럽(0.3)
다진 마늘(0.5)
두반장(0.5)
굴소스(0.5)
다진 양파(3)

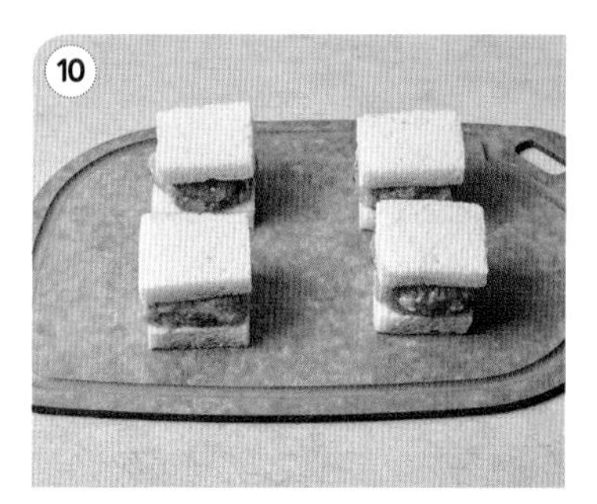

10 자른 식빵에 반죽을 올리고 다시 식빵으로 덮고,

11 180℃로 예열한 식용유(5컵)에 식빵을 넣어 3분간 튀겨 건지고,

12 다시 2분간 튀긴 뒤 멘보샤소스를 곁들여 마무리.

tip box

누구보다 빠르게 남들과는 다르게 **새우 다지는 법**

깨끗이 씻은 새우의 물기를 제거하고, 다질 때 칼날을 사용하기보다 칼의 옆면을 활용해 보세요! 도마 위에 새우를 올려놓고 칼을 옆으로 뉘여 강하게 내리치면 원샷! 원킬!로 새우가 납작해져요. 납작해진 새우를 모아 칼날 부분으로 다지면 편해요. 한 번에 내려치는 것이 어려운 분들은 새우 위에 칼을 옆으로 눕혀 주먹으로 힘을 주어 눌러주세요.
칼 옆면이 넓을수록 활용하기 편리하겠죠? 새우뿐만 아니라 통마늘이나 두부를 다질 때도 이 방법을 사용하면 좋아요. 다치지 않도록 주의하는 것, 절대 잊지 마세요!

신상출시 편스토랑

연.정.쌈

귀여운 이름처럼 친구가 집에 놀러 왔을 때 만들기 좋은 음식이에요.
월남쌈과 비슷한 구성이지만 밀가루 반죽으로 만든 쌈을 사용해
포만감이 더 좋은 음식이에요.

필수 재료

돼지고기(300g)
대파(20cm)
양파(½개)
당근(½개)
오이(½개)
숙주(1줌)
전분(2)
달걀물(1개 분량)
밀가루(1컵)

양념

간장(1)
굴소스(1)
설탕(1)
춘장(1)
소금(0.3)
참기름(약간)

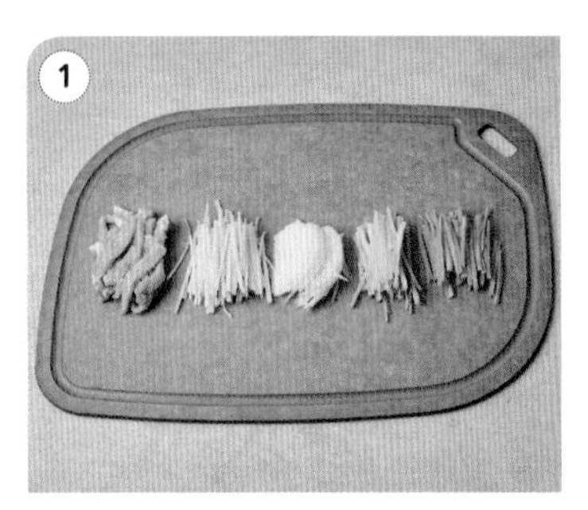

돼지고기, 대파, 양파, 당근, 오이는 채 썰고,

끓는 물(4컵)에 숙주를 넣어 1분간 데쳐 찬물에 헹궈 체에 밭치고,

채 썬 돼지고기는 전분(2), 달걀물을 넣어 섞고,

중간 불로 달군 팬에 식용유(1컵)를 넣어 양념한 돼지고기를 넣어 튀기듯 살짝 익히고,

익힌 돼지고기에 양파, 대파를 넣어 3분간 볶고,

볶은 재료에 간장(1), 굴소스(1), 설탕(1), 춘장(1)을 넣어 2분간 볶고,

그릇에 채 썬 당근, 오이, 데친 숙주를 둘러 담고, 가운데에 볶은 재료를 담아 속재료 마무리.

밀가루는 뜨거운 물(1컵), 소금(0.3)을
넣어 반죽해 20분간 숙성하고,

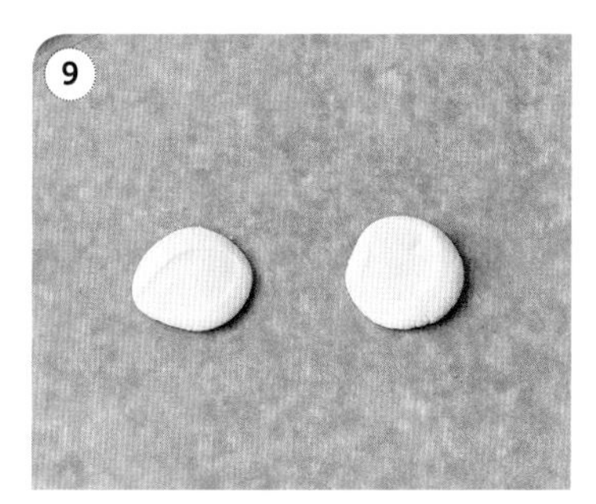

숙성된 반죽을 동전 크기로 잘라
납작하게 누르고,

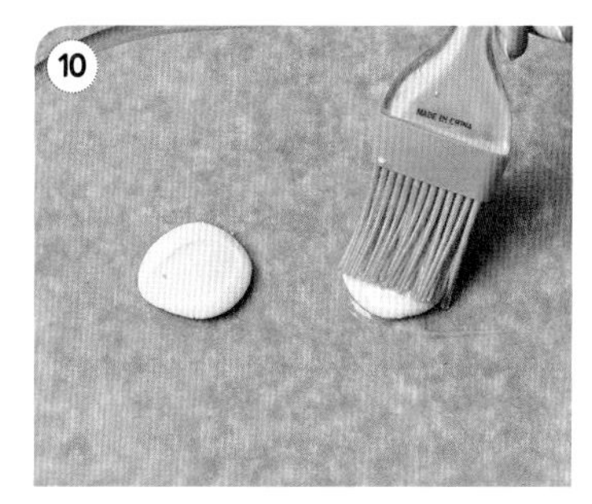

누른 부분에 참기름을 바르고,

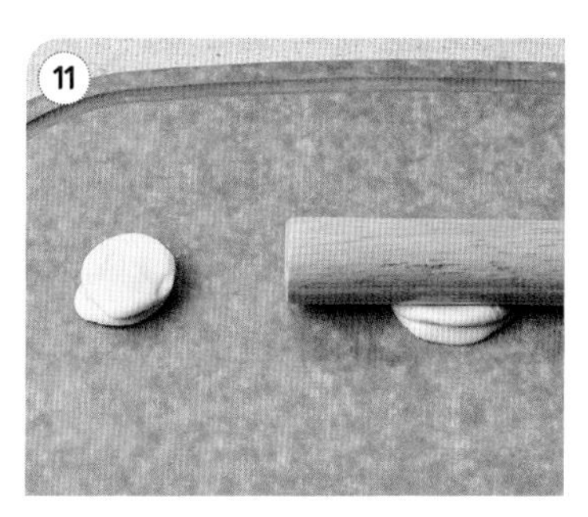

참기름을 바른면이 맞닿게 2개씩 합쳐
밀대로 얇게 밀고,

약한 불로 달군 팬에 반죽을 올려
3분간 굽고,

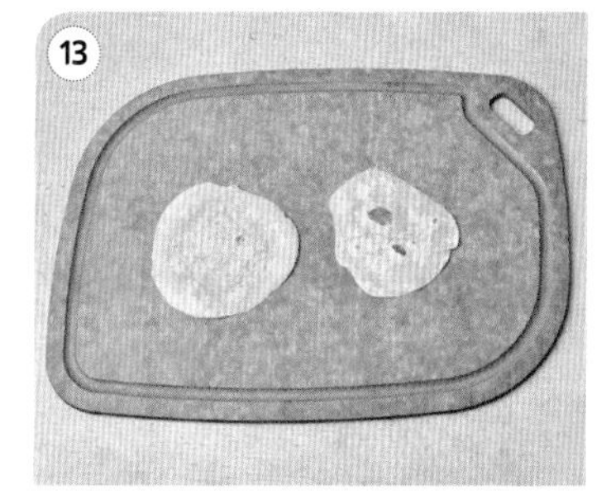

구운 반죽을 강하게 패대기쳐서
반죽 2개를 분리하고,

OK

전병을 각각 접어 그릇에 담아 마무리.
↖ 전병에 속재료를 싸서 드세요.

편토랑

탕수육 소스

당신의 탕수육 스타일은 부먹인가요? 찍먹인가요?
이 탕수육 소스 한 가지면 더 이상의 논쟁은 Nope!
찍어 먹어도, 부어 먹어도, 볶아 먹어도! 다 맛있게 해드릴게요.

2 인분

필수 재료

양파($\frac{1}{2}$개)
당근($\frac{1}{2}$개)
오이($\frac{1}{2}$개)
목이버섯(1줌)
완두콩($\frac{1}{4}$컵)

양념

간장(0.5)
노추(0.2) ← 중국의 전통 간장이에요.
설탕($\frac{3}{4}$컵)
식초(0.5)
전분물(2)
↖ 전분물은 전분과 물을 1:1 비율로 섞어주세요.

1 간장, 노추(중국간장), 설탕, 식초, 물(150ml)을 냄비에 넣고 팔팔 끓이고,

2 양파, 당근, 오이, 목이버섯을 한입 크기로 썰어 완두콩과 함께 넣어 양파가 투명해질 때까지 조리고,

3 전분물을 조금씩 나눠가며 넣어 기호에 맞게 농도를 맞춰 마무리.

OK

tip box

탕수육 소스, 어떻게 먹어야 맛있을까?

짬뽕vs짜장, 밀떡vs쌀떡, 비냉vs물냉! 인생은 선택의 연속···
수많은 선택 중에서도 가장 어려운 선택은 바로! 탕수육 소스, 과연 찍어 먹느냐? 부어 먹느냐? 볶아 먹느냐?

찍먹파의 주장

튀김옷의 바삭한 식감을 온전히 느낄 수 있어요.

부먹파의 주장

소스가 튀김 속까지 배어들어 촉촉하게 즐길 수 있어요.

볶먹파의 주장

불향을 입힐 수 있고, 소스를 고루고루 묻힐 수 있어요.

신상출시 편스토랑

우리 밀 유럽투어

오밀조밀 귀여운 삼색 뇨끼와 건강한 닭가슴살가스가 만났어요.
시금치와 비트를 이용해 인위적이지 않은 천연의 색이 탄생했어요.
이 음식으로 유럽투어하는 기분을 내보실까요?

필수 재료

닭가슴살(1개)
빵가루($1\frac{1}{2}$컵)
파르메산 치즈가루(1)
튀김가루(1컵)
달걀물(1개 분량)
감자(9개)
우리밀 밀가루(5컵)
마늘(4쪽)
쪽파($\frac{1}{3}$대)
시금치(1줌)
비트주스 원액(3)
탈각새우(7마리)

밑간

소금(0.2)
후춧가루(0.2)

닭가슴살은 얇게 포를 뜬 뒤 종이포일을 덮고 고기 망치로 두들겨 넓게 펼쳐 **밑간**하고, 빵가루($1\frac{1}{2}$컵)와 파르메산 치즈가루(1)를 고루 섞고,

밑간한 닭가슴살은 튀김가루 → 달걀물 → 치즈빵가루 순으로 묻히고,

180℃로 예열한 식용유(3컵)에 노릇하게 튀겨 닭가슴살 튀김을 만들고,

감자는 껍질을 벗기고, 마늘은 납작 썰어 으깨고, 쪽파는 송송 썰고,

끓는 소금물(물6컵+소금0.5)에 감자를 넣어 16분간 삶아 건져 곱게 으깨고,

으깬 감자와 우리밀 밀가루, 소금(0.5), 올리브유(0.5)를 섞어 반죽한 뒤 3등분하고,

시금치를 믹서에 간 뒤 냄비에 끓여 떠오르는 엽록소는 걷어내고,

시금치물(3), 비트주스 원액(3)을 3등분한 반죽에 각각 넣어 색을 내고,

뇨끼판에 세 가지 색상의 반죽을 밀어 모양을 내고,

↖ 뇨끼판과 반죽에 밀가루를 뿌리며 만들면 편해요.

양념

소금(1.5)
올리브유(1.5)
페페론치노(3~4개)
화이트 와인(3)
참치액(0.6) ↖ 화이트 와인 대신 청주(3)를 사용해도 좋아요.
바질페스토(3)

꿇는 소금물(물4컵+소금0.5)에 뇨끼를 넣어 3분간 삶은 뒤 찬물에 담갔다 건지고,

중간 불로 달군 팬에 올리브유(1)를 두르고 마늘을 넣어 2분간 볶은 뒤 페페론치노를 부숴 넣고,

탈각새우를 넣어 2분간 볶다가 화이트와인(3)을 넣어 2분간 더 볶고,
↖ 화이트와인이 새우의 비린 맛을 제거해줘요.

참치액(0.6)을 넣어 볶다 데친 뇨끼를 넣어 2분간 볶고,

불을 끈 뒤 바질페스토(3)를 넣어 고루 버무리고,

그릇에 볶은 뇨끼를 담은 뒤 닭가슴살 튀김과 쪽파를 올려 마무리.

쯤

리소토도 아닌 것이, 죽도 아니다?
리소토와 전복죽, 그 중간 어디 '쯤'에서 탄생했어요.
몸에 좋은 전복과 천연 라면수프를 사용해 건강까지 생각했답니다.

필수 재료

전복(10마리)
브로콜리($\frac{1}{2}$개)
마늘(7쪽)
양송이버섯(2개)
양파($\frac{1}{6}$개)
밥(2공기)
생크림($\frac{1}{2}$컵)
슈레드 모차렐라치즈(1줌=50g)
↖ 기호에 맞게 조절해요.

선택 재료

그라나파다노치즈(약간)
파슬리가루(약간)

끓는 물(5컵)에 전복, 청주(1컵)를 넣어 1분간 데치고,

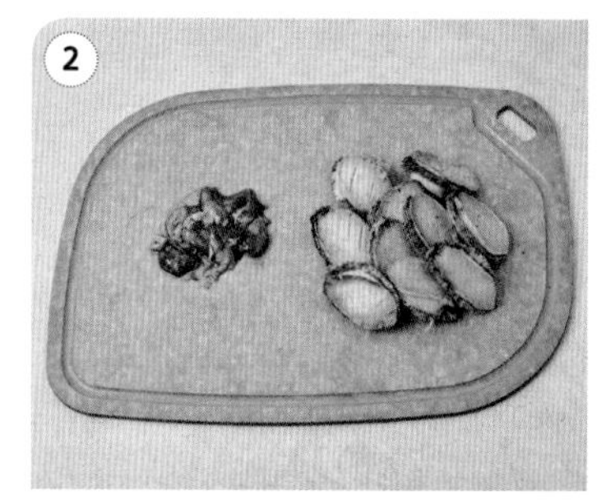

데친 전복은 내장과 살로 나누고, 전복 살은 벌집 모양으로 칼집을 넣고,

전복 내장은 브로콜리, 레몬즙과 믹서에 넣고 갈아 전복내장소스를 만들고,

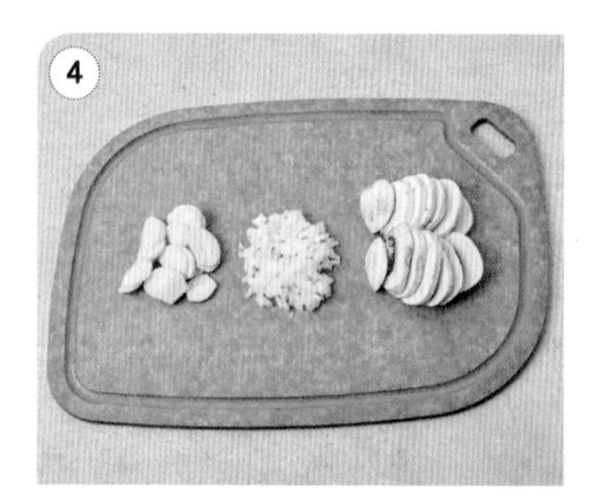

마늘과 양송이버섯은 납작 썰고, 양파는 다지고,

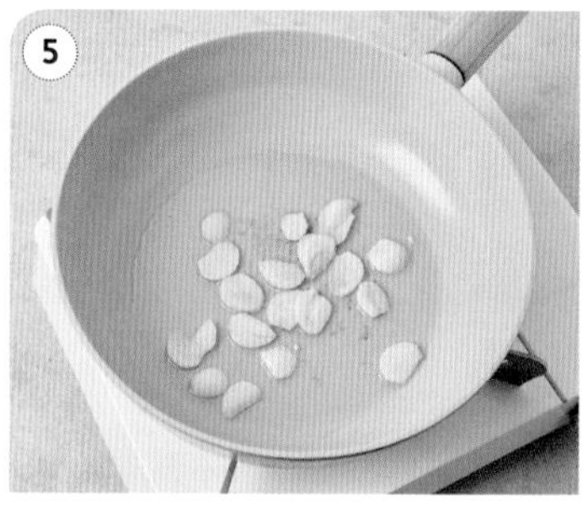

중간 불로 달군 팬에 올리브유(3)를 두른 뒤 납작 썬 마늘(5쪽 분량)을 넣어 3분간 익혀 마늘기름을 만들고,

마늘기름에 다진 양파, 양송이버섯을 넣어 1분간 볶고,

전복내장소스(7), 천연 라면수프(1), 소금(약간), 후춧가루(약간), 바질페스토(2)를 넣어 섞고,

밥, 생크림, 슈레드 모차렐라치즈를 넣어 3분간 볶아 리소토를 만들어 그릇에 담고,

중간 불로 달군 팬에 버터(1)를 넣은 뒤 납작 썬 마늘(2쪽 분량)을 볶고, 간장(1), 맛술(1)을 넣어 1분간 끓이고,

양념

청주(1컵)
레몬즙($\frac{1}{2}$개 분량)
올리브유(3)
천연 라면수프(1)
소금(약간)
후춧가루(약간)
바질페스토(2)
버터(1)
간장(1)
맛술(1)
올리고당(1)

손질한 전복 살을 넣은 뒤 올리고당(1)을 넣어 약한 불에 4분간 졸이고,

졸인 전복은 6조각으로 자른 뒤 리소토 위에 올리고,

그라나파다노치즈와 파슬리가루를 뿌려 마무리.

tip box 천연 라면수프 만드는 법

라면수프만큼 맛있고, 건강함까지 더한 마법의 가루예요. 어디에 넣어도 감칠맛을 살려주는 천연 조미료! 집에서도 쉽게 만들어보세요.

필수 재료 우엉, 연근, 양파, 무, 대파, 양배추, 마늘, 생강, 찹쌀, 밴댕이, 멸치, 보리새우, 바지락살, 대두, 북어 껍질, 디포리 디포리를 제외한 모든 재료의 양은 한주먹 정도로, 반드시 말려서 준비해주세요! 디포리는 멸치 양의 $\frac{1}{3}$ 정도 사용하면 됩니다. 바지락살은 청주를 살짝 뿌린 뒤 말려주세요.

선택 재료 볶은 찹쌀(약간) 불린 찹쌀을 볶은 뒤 천연수프에 넣으면 습기를 빨아들여 천연 수프를 건조하게 유지해줘요. 오래 두고 쓸 용도라면 반드시 넣어주세요!

1 마른 팬에 북어 껍질을 타기 직전까지 구워 비린내를 날리고,
2 같은 팬에 대두를 볶고,
3 모든 재료를 믹서에 넣어 곱게 갈고,
4 믹서에 간 재료를 체에 거르고,
5 곱게 거른 수프에 볶은 찹쌀을 넣어 마무리.

신상출시 편스토랑

포테이토 드림

도우 위에 해바라기 꽃이 피었습니다~도우가 곧 토핑이 된 감자피자예요.
카야잼을 넣어 달콤한 감자 샐러드가 푸짐하게 올라갔어요.

필수 재료

감자(7개)
카야잼(7)
생파슬리(35g)
빨강 파프리카(1개)
노랑 파프리카(1.5개)
통조림 옥수수(1캔)
스트링치즈(6개)
슈레드 모차렐라치즈(100g)
페이스트리 도우(2장)
달걀노른자(2개)

양념

소금(0.1)
후춧가루(0.1)
올리브유(약간)

감자는 삶아 으깬 뒤 카야잼(7), 소금(0.1), 후춧가루(0.1)를 넣고 섞어 감자 무스를 만들고,

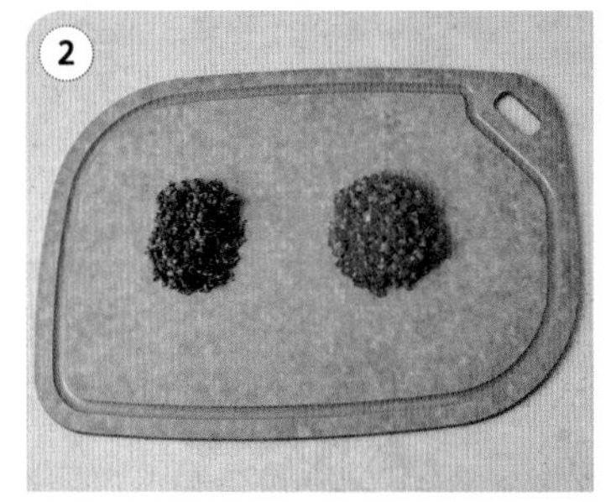

생파슬리와 파프리카는 다지고,

냄비에 **소스** 재료를 넣고 한소끔 끓인 뒤 생파슬리(5g)를 뿌려 소스를 만들고,

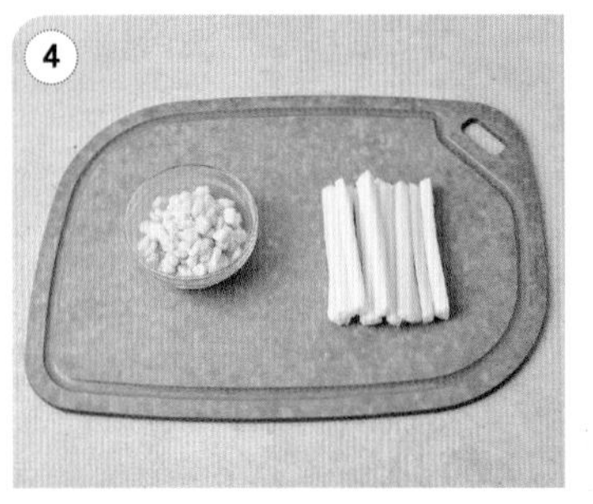

통조림 옥수수는 물기를 제거하고, 스트링치즈는 세로로 길게 자르고,

감자무스에 손질한 채소, 통조림 옥수수, 슈레드 모차렐라치즈를 넣고 섞어 감자소를 만들고,

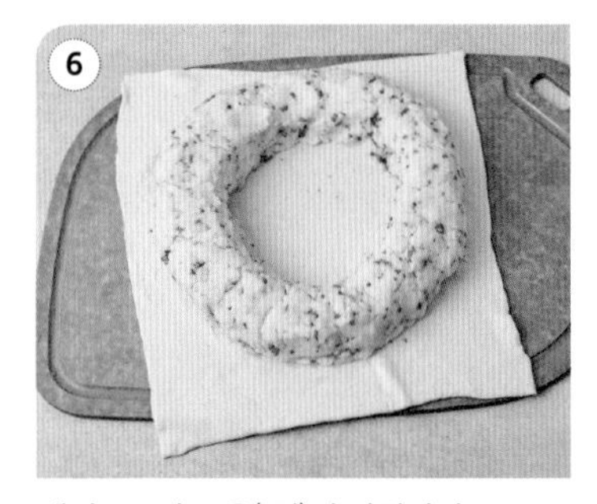

페이스트리 도우(1장)의 가장자리 4~5cm 공간을 남기고 도넛 모양으로 두툼하게 감자소를 올리고,

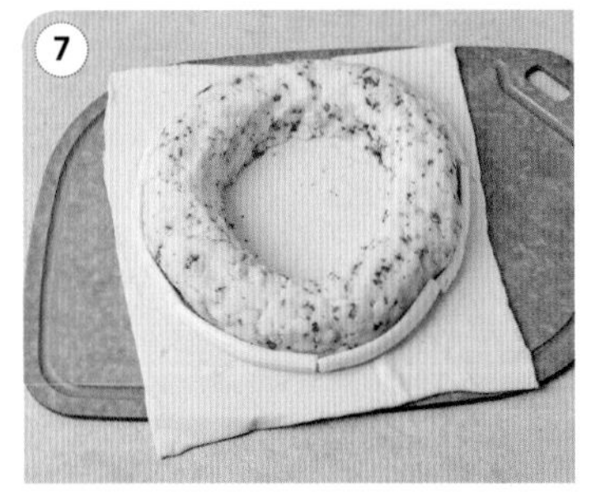

잘라놓은 스트링치즈는 2개씩 겹친 뒤 감자소 가장자리를 따라 빙 둘러주고,

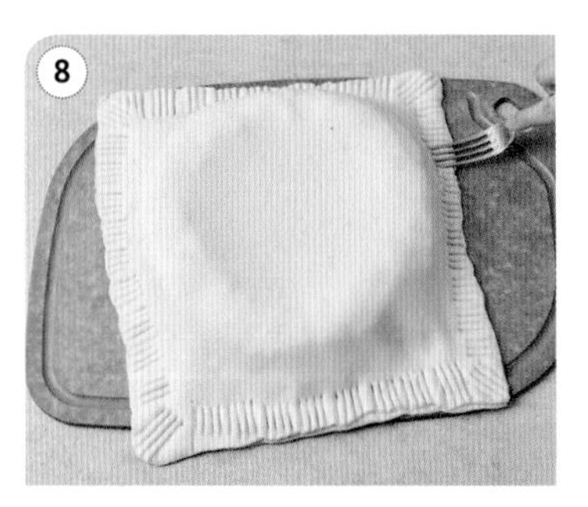

페이스트리 도우(1장)로 피자 뚜껑을 덮고, 포크를 이용해 가장자리를 누르고,

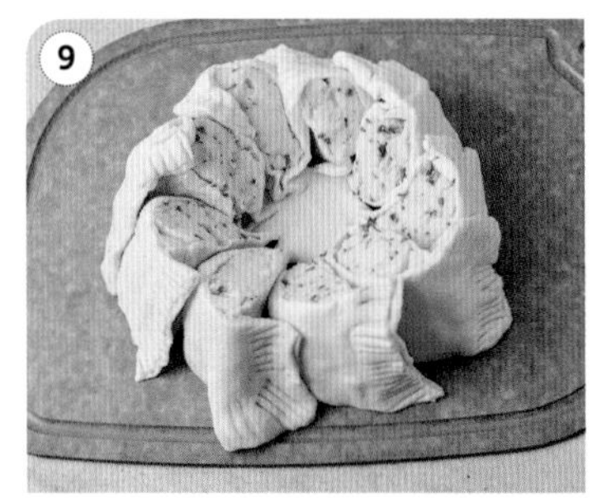

피자의 가장자리 부분만 잘라 10등분 하고, 1조각씩 90도로 돌려 별처럼 모양을 만들고,

↖ 도우가 찢어져 내용물이 흐르지 않도록 조심스럽게 돌려주세요.

소스

바질토마토소스(150g)
크랩칠리소스(50g)

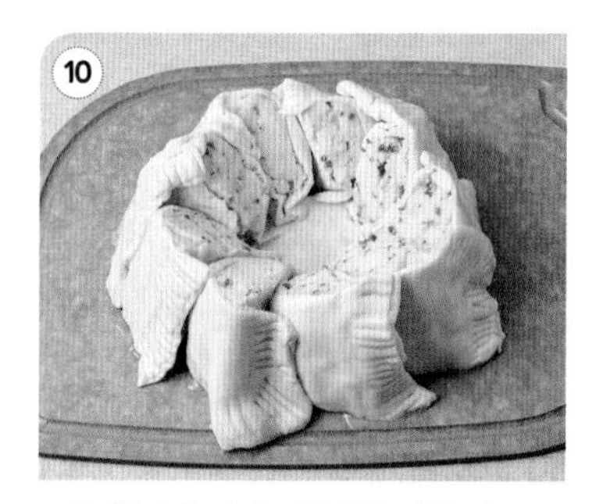

도우 윗면에 달걀노른자를 바른 뒤 올리브유를 골고루 뿌리고,
↖ 오일 스프레이를 사용하면 편리해요.

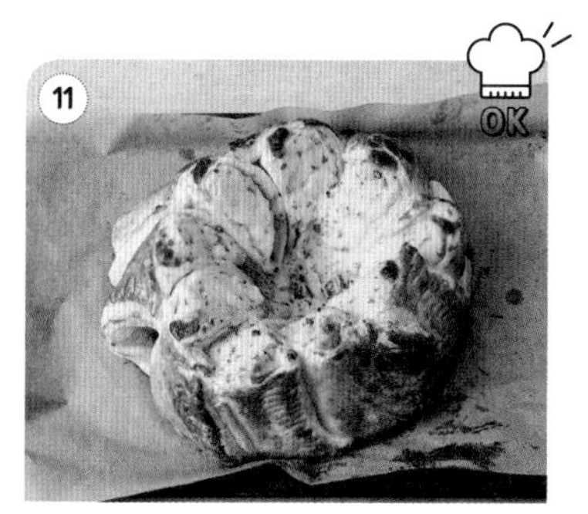

오븐에 넣고 220℃에서 35~40분간 굽고 소스를 곁들여 마무리.

tip box 방송으로 보는 포테이토드림

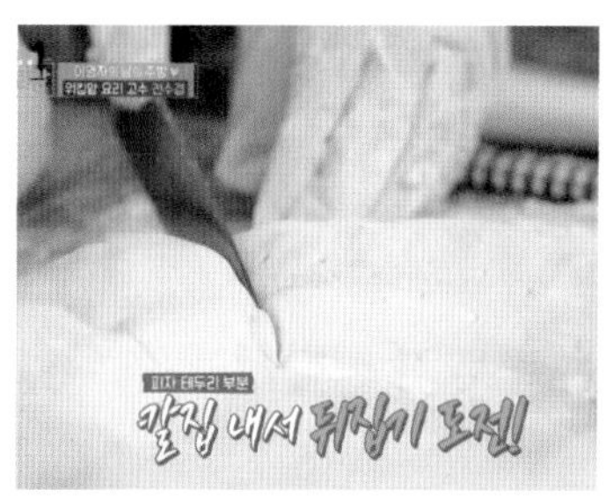

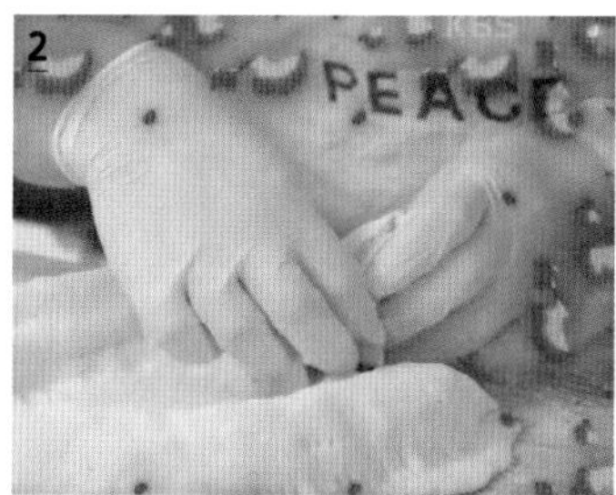

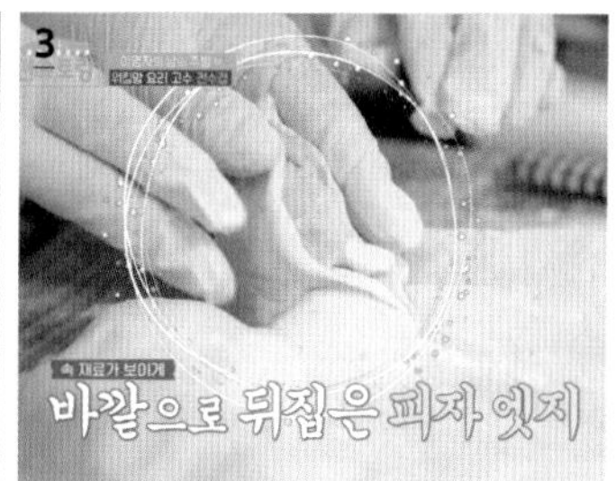

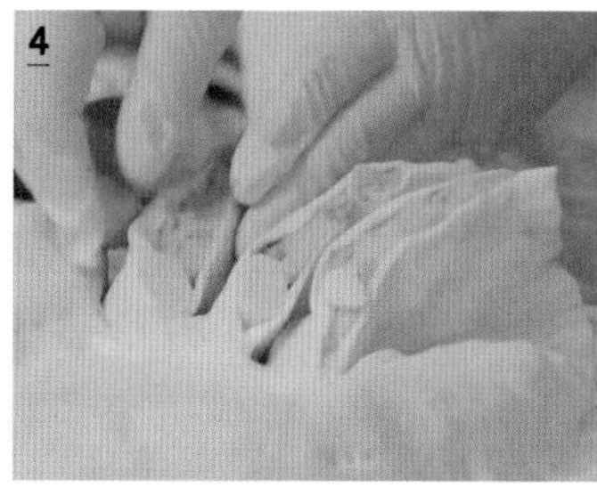

1 감자무스를 올린 부분에 칼집을 내어 10등분하고,
2 1조각씩 양쪽으로 속이 튀어나오지 않도록 잡으며 비틀어 90도로 세우고,
3 속 재료가 위로 보이게 뒤집은 뒤 도우가 찢어지지 않도록 누르고,
4 나머지 조각도 모두 세우고,
5 달걀노른자를 발라 해바라기같이 만들어 마무리.

김치를 말았전

다들 '넓적한 김치전을 말아서 먹으면 어떨까'라는 상상해보신 적 있으시죠?
상상을 현실로 만든 음식이에요! 무려 고기와 밥을 넣고 둘둘 말아냈어요.
따로 먹어도 맛있는 두 가지를 한 번에 합쳐서 먹는다니 가성비 최고!

4 인분

필수 재료

- 차돌박이(200g)
- 깍두기(120g)
- 대파(20cm)
- 밥(2공기)
- 김밥용 김(4장)
- 조선부추(1줌)

김치전 반죽

- 다진 배추김치($1\frac{1}{2}$컵)
- 찰밀가루($\frac{1}{2}$컵=110g)
- 전분($\frac{1}{2}$컵=110g)
- 김칫국물($\frac{1}{2}$컵=100ml)
- 우유($1\frac{1}{2}$컵=300ml)

밑간

- 소주(1)
- 다진 마늘(1)
- 후춧가루(1)

양념

- 고춧가루(2.5)
- 간장(0.6)
- 굴소스(1)
- 참치액(2.8)
- 설탕(0.3)
- 깍두기 국물(6)
- 참기름(0.6)

김치전 반죽 재료를 잘 섞고, 참치액(2.5), 고춧가루(1)를 넣어 양념하고,

중간 불로 달군 팬에 식용유(8)를 두른 뒤 김치전 반죽을 얇게 펼쳐 앞뒤로 5분간 부치고,

↖ 최대한 얇게 부쳐야 나중에 볶음밥을 넣고 쉽게 말 수 있어요.

차돌박이는 잘게 썰어 **밑간**하고,

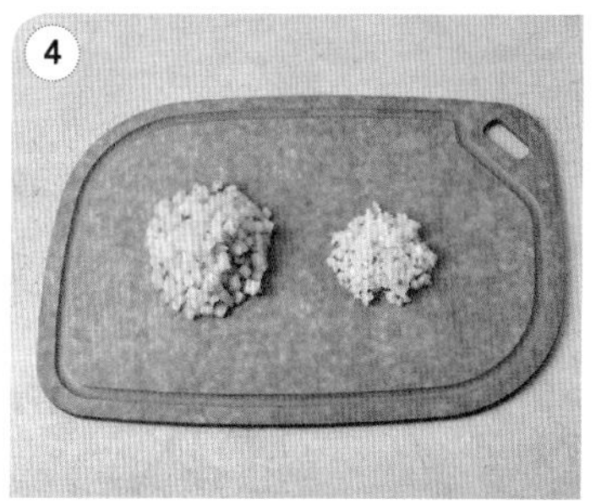

깍두기는 잘게 썰고, 대파는 다지고,

중간 불로 달군 팬에 밑간한 차돌박이를 넣어 2분간 볶고,

다진 파와 깍두기를 넣고 3분간 볶다가 고춧가루(1.5), 간장(0.6), 굴소스(1), 참치액(0.3), 설탕(0.3)을 넣어 2분간 볶고,

↖ 차돌박이에서 생기는 기름을 사용해서 기름을 따로 두르지 않아도 돼요.

깍두기 국물, 밥, 참기름(0.6)을 넣고 3분간 볶고,

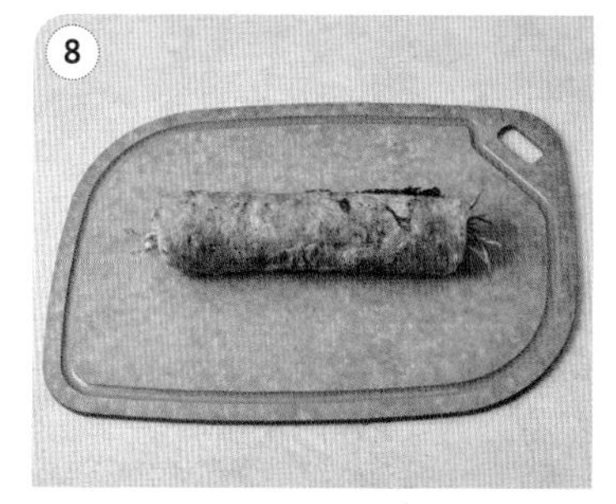

김치전 위에 김밥용 김(1장) → 차돌 깍두기 볶음밥 → 조선부추 순으로 올려 돌돌 말고,

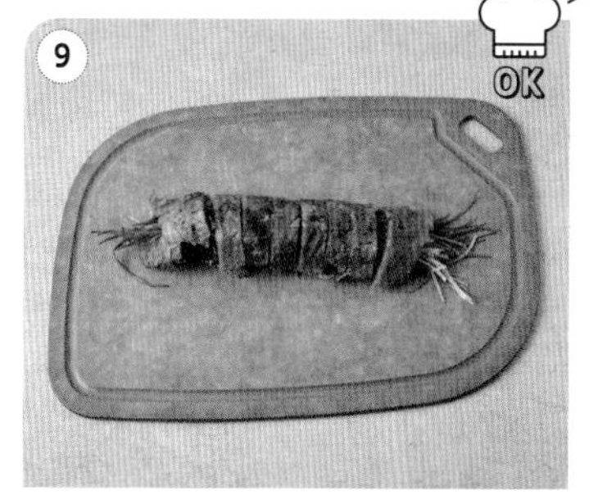

충분히 식힌 뒤 한입 크기로 썰어 마무리.

매생이 달걀말이

달걀 속에 바다를 넣고 말아낸듯한 매생이 달걀말이예요.
초록색과 노란색이 조화를 이루어 보기에도 좋아요!
다이어트 중이라면 칼로리가 낮은 매생이 달걀말이를 꼭 만들어보세요!

필수 재료

매생이(100g)
달걀(5개)

선택 재료

홍고추(1개)

1 매생이는 흐르는 물에 깨끗이 씻은 뒤 물기를 제거하고,

2 홍고추는 어슷 썰고,

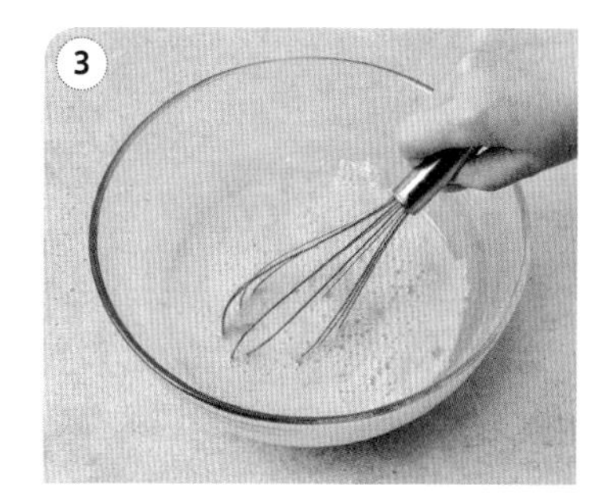

3 달걀은 곱게 풀고,

4 달걀물에 매생이를 넣어 가위로 잘라가며 뭉친 부분을 풀고,

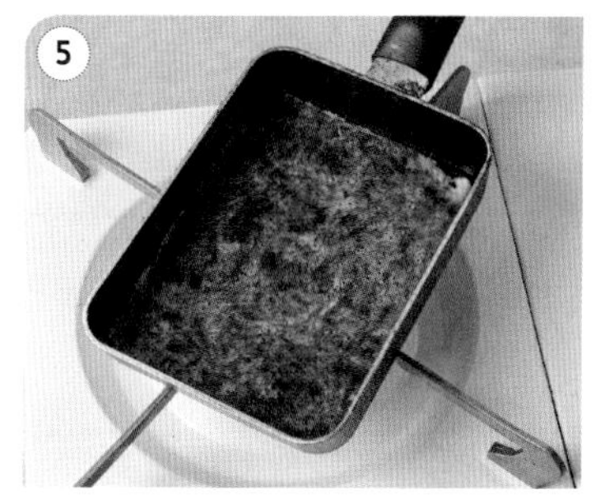

5 중간 불로 달군 팬에 식용유(1)를 두른 뒤 매생이 달걀물($\frac{1}{2}$분량)을 붓고,

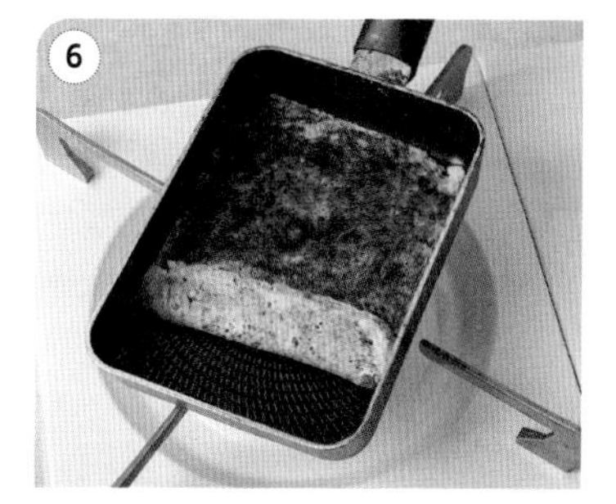

6 달걀물을 1분 정도 익힌 뒤 끝부분부터 말고,

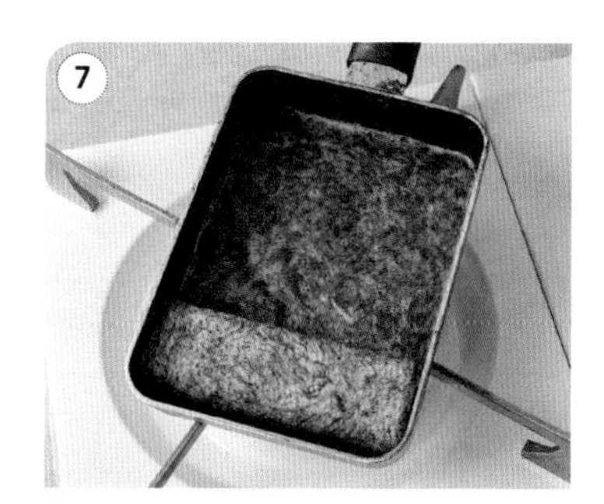

7 $\frac{3}{4}$ 정도 말았을 때 남은 매생이 달걀물을 부은 뒤 한 번 더 말고,

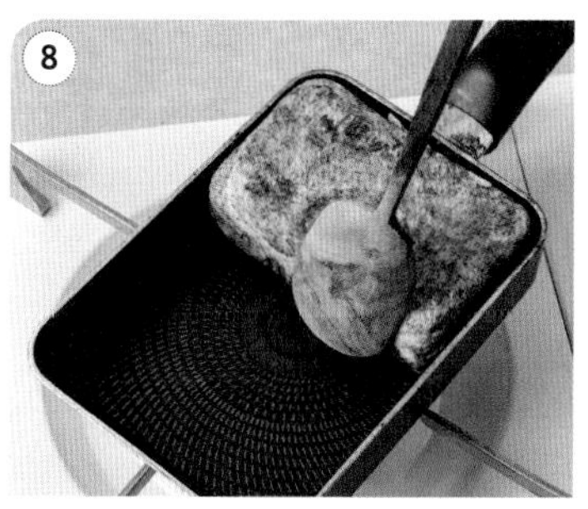

8 불을 끄고 잔열로 달걀말이를 익히며 모양을 잡고,

9 매생이 달걀말이를 한 김 식힌 뒤 썰고 홍고추를 올려 마무리.

홍합초

홍합이 몸에 좋은 건 다들 알고 계시죠?
간을 튼튼하게, 피를 맑게 하는 홍합을 간장에 조려 홍합초를 만들었어요.
홍합초는 달고 짭짤해 밑반찬으로 안성맞춤이에요.

2 인분

필수 재료

마늘(2쪽)
손질된 홍합살(100g)
↖ 손질된 홍합살을 마트에서 쉽게 구할 수 있어요.

선택 재료

대파(10cm)

양념장

+ 설탕(1)
+ 간장(1)
+ 다진 마늘(1)
+ 다진 파(1)

양념

참기름(1)
후춧가루(0.3)
참깨(약간)

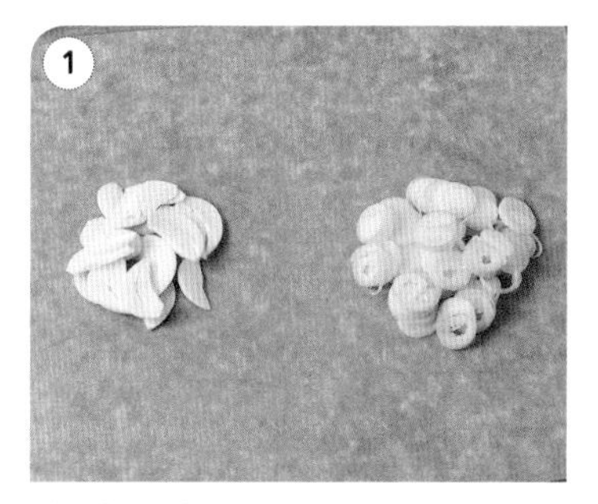

1 마늘은 납작 썰고, 대파는 송송 썰고,

2 **양념장**을 만들고,

3 깨끗이 씻은 홍합살을 양념장에 버무리고,

4 양념장에 버무린 홍합을 약한 불로 달군 팬에 올려 5분간 조리고,

5 마늘, 대파를 넣어 7분간 조리고,

6 양념장이 거의 졸아들면 **양념**을 넣어 고루 섞어 마무리.

OK

주꾸미감자샐러드(풀포)

풀포는 스페인어로 문어이자, 스페인식 문어감자샐러드를 뜻해요.
편스토랑은 문어 대신 주꾸미를 사용했어요.
앙증맞은 주꾸미의 쫄깃한 식감이 감자의 담백함과 잘 어울려요.
주꾸미의 육질을 살려주는 비장의 무기가 있으니 놓치지 마세요!

필수 재료

알배기 주꾸미(4마리)
밀가루(1컵)
무($\frac{1}{3}$개)
감자(2개)
올리브($\frac{1}{2}$줌)
코르크 마개(2개)

양념

올리브유(3)
다진 마늘(1.5)
소금(약간)
후춧가루(약간)

1

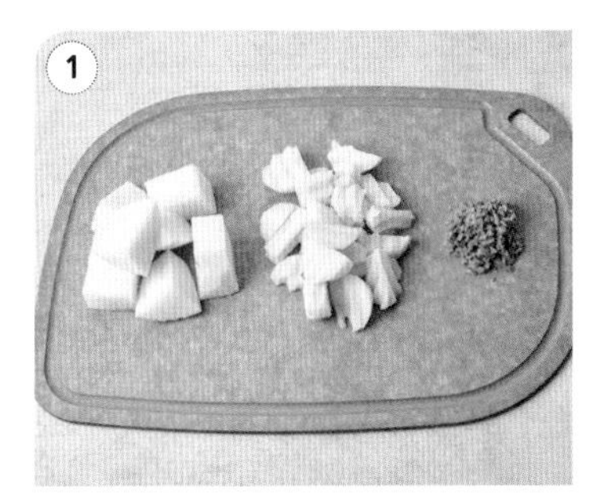

무는 큼직하게 썰고, 감자는 깍둑 썰고, 올리브는 잘게 다지고,

2

주꾸미는 밀가루를 뿌려 빨판까지 빡빡 문질러 씻고,

3

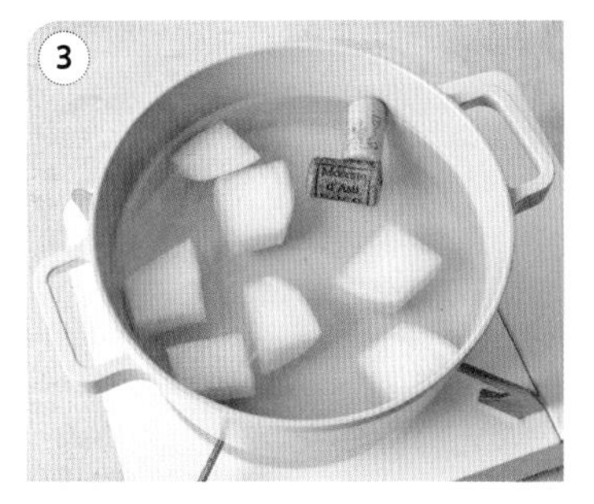

냄비에 물(5컵)과 손질한 무, 코르크 마개를 넣어 끓이고,

↖ 코르크와 함께 삶으면 육질이 부드러워져요.

4

끓인 물에 주꾸미의 다리 부분만 살짝 넣었다가 빼 모양을 잡은 뒤 통째로 넣어 3분간 삶고,

↖ 주꾸미의 머리를 잡고 뜨거운 물에 다리만 담가 흔들면 예쁘게 모양이 잡혀요.

5

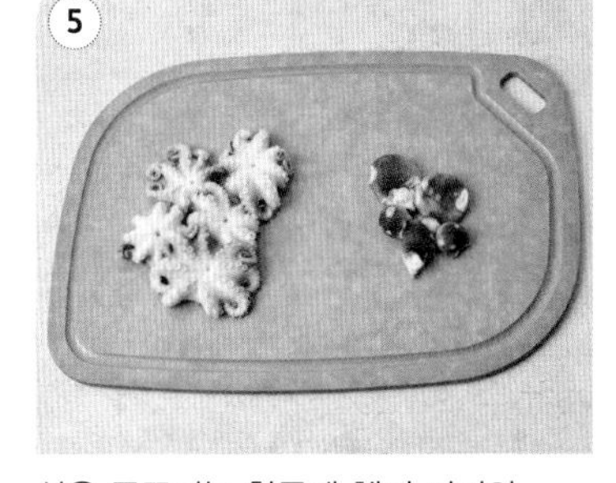

삶은 주꾸미는 찬물에 헹궈 머리와 다리를 분리하고,

6

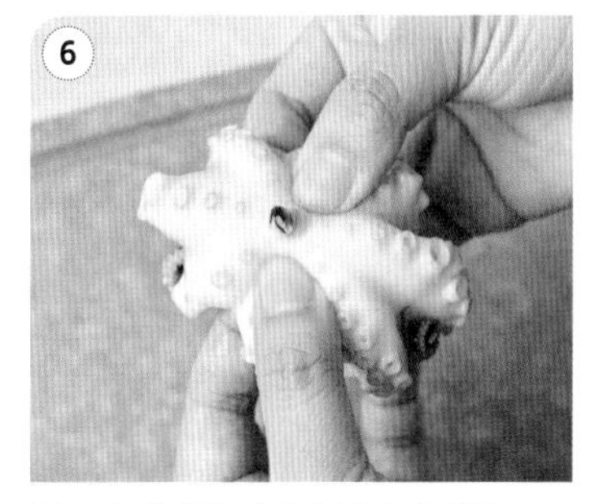

주꾸미 다리를 뒤집어 주꾸미 입을 제거하고,

7

올리브유(1)를 두른 팬에 손질한 주꾸미와 다진 마늘(1.5), 소금을 넣고 물기만 날리게 볶고,

8

감자를 끓는 물에 넣고 20분간 삶아 건지고, 소금과 후춧가루로 밑간하고, 올리브유(1)를 두른 팬에 넣어 노릇하게 볶고, ↖ 주꾸미를 삶은 물을 활용하세요.

9

볼에 삶은 주꾸미와 볶은 감자, 다진 올리브, 올리브유(1), 후춧가루를 넣고 섞어 마무리.

신상출시 편스토랑

토마토바지락술찜

바지락으로만 맛을 낸 맑고 시원한 국물에 맛술로 잡내를 제거했어요.
쑥갓과 토마토를 넣으니 향과 색이 더해져 더욱 구미가 당기는 찜이 되었어요.
분명 해장하려고 했는데… 이상하게 술이 더 당기네요!

2 인분

필수 재료

쑥갓($\frac{1}{2}$단)
토마토(1개)
마늘(3쪽)
바지락(2~3줌)
↖ 바지락은 소금물(물5컵+소금1)에 넣어 2~3시간 정도 미리 해감해 두세요.

양념

소금(1)
버터(1조각)
정종 맛술(2) ← '정종 맛술' 레시피는 196쪽을 참고해요.
후춧가루(약간) 정종 맛술은 일반 맛술로 대체 가능해요.

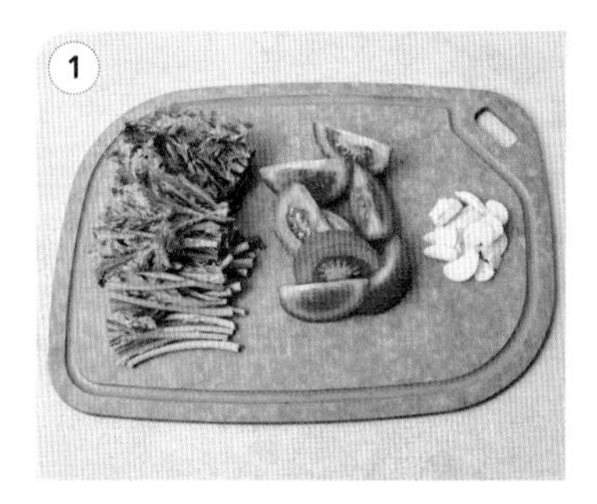

1 쑥갓은 4~5cm 길이로 자르고, 토마토는 꼭지를 떼고 6~8등분하고, 마늘은 납작 썰고,

2 중간 불로 달군 팬에 버터를 녹인 뒤 마늘을 넣어 노릇하게 볶다가 해감한 바지락을 넣어 볶고,

3 정종 맛술(2)을 넣어 비린내를 제거하고,

4 바지락이 잠길 정도로 물을 부은 뒤 끓으면 쑥갓, 토마토를 넣어 바지락이 입을 벌릴 때까지 끓이고,

5 후춧가루를 뿌려 마무리.

봄 미나리 된장무침

봄을 가장 먼저 알리는 푸릇푸릇한 미나리.
미나리는 그 자체로도 향긋한 향을 머금고 있어 많은 양념 없이도 훌륭한 맛을 낼 수 있답니다.
미나리된장무침으로 지나가는 봄을 붙잡아주세요!

필수 재료

미나리(100g)
대파($\frac{1}{3}$대)

양념

소금(1)
된장($\frac{1}{2}$컵)
다진 마늘(0.5)
참깨(약간)

1 미나리는 끓는 소금물(물5컵+소금1)에 살짝 데친 뒤 찬물에 헹궈 물기를 꽉 짜고,

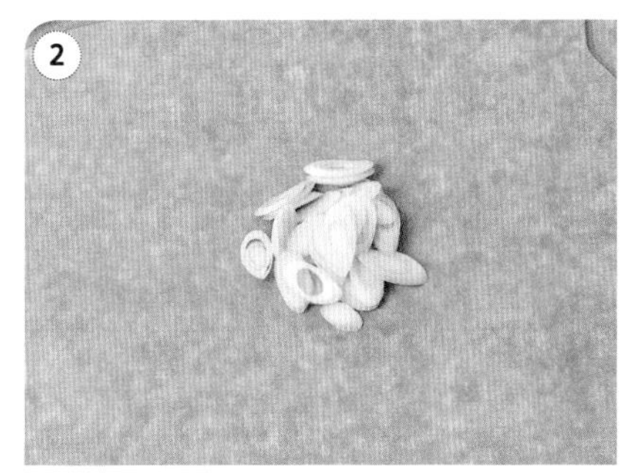

2 대파는 작게 어슷 썰고,

3 데친 미나리에 된장을 넣어 고루 버무리고,

4 다진 마늘(0.5)과 어슷 썬 대파를 넣어 버무린 뒤 참깨를 뿌려 마무리.

솜사탕 쑥라테

수박 라테

수박 모히토

맥주 맛술 & 정종 맛술

신상출시 편스토랑

5 음료 냉장고코너

“

음료까지 책임지는

편스토랑

”

편토랑

솜사탕 쑥라테

컵 위에 예쁘게 피어오른 솜사탕을
커피로 사르르 녹여보세요!
다른 달콤함 없이도 그 자체로 달콤한 쑥라테 완성!

1 인분

필수 재료

쑥가루(1)
우유($1\frac{1}{2}$컵)
솜사탕(1개)
인스턴트 아메리카노 커피(3봉지)

1 쑥가루를 물(30ml)에 잘 개고,
↖ 뜨거운 물을 사용하면 잘 녹아요.

2 ①을 컵에 담고 얼음을 가득 넣고,

3 컵의 $\frac{1}{3}$정도까지 우유를 붓고,
↖ 얼음과 우유는 기호에 맞게 가감하세요.

4 컵 위에 솜사탕을 올리고,

5 인스턴트 커피에 뜨거운 물(3)을 넣어 녹이고,

6 커피가 솜사탕, 쑥라테와 섞이도록 솜사탕 위로 부으며 마무리.

편의점 토랑

수박 라테

우유와 수박의 조합을 의심하지 마세요.
부드러운 우유에 시원한 수박이 섞여
아이들이 좋아하는 달콤한 우유가 되었어요!

1 인분

필수 재료

수박(1컵)
우유(1컵) ↖ 기호에 맞게 조절해요.
꿀(1.5)
애플민트(1줄기)

선택 재료

블루베리(3알)

1 수박 과육을 계량스푼을 이용해 동그랗게 판 뒤 절반은 잔에 가득 넣고,

2 과육의 절반은 믹서에 간 뒤 컵의 절반까지 채우고,

3 잔의 나머지 부분에 우유를 가득 넣고,
↖ 가니시와 꿀을 넣을 공간을 조금 마련해주세요.

4 애플민트, 블루베리를 올려 장식하고,

5 꿀을 넣고 잘 섞어 마무리.

OK

수박 모히토

기존 모히토와 가장 큰 차이점이라면
수박이 들어간다는 점!
수박을 넣어 달콤함과 시원함을 UP! UP!
수박 모히토 한잔이면 이곳이 바로 몰디브!

필수 재료

수박(1컵) ↖ 기호에 맞게 조절해요.
라임($\frac{1}{4}$개)
애플민트(4줄기)
소주($\frac{1}{4}$컵)
탄산수($\frac{1}{4}$컵)
꿀(1)

선택 재료

블루베리(3알)

수박 과육을 계량스푼을 이용해
동그랗게 파낸 뒤 과육을 으깨고,

으깬 과육을 잔의 $\frac{1}{3}$ 만큼 담고,

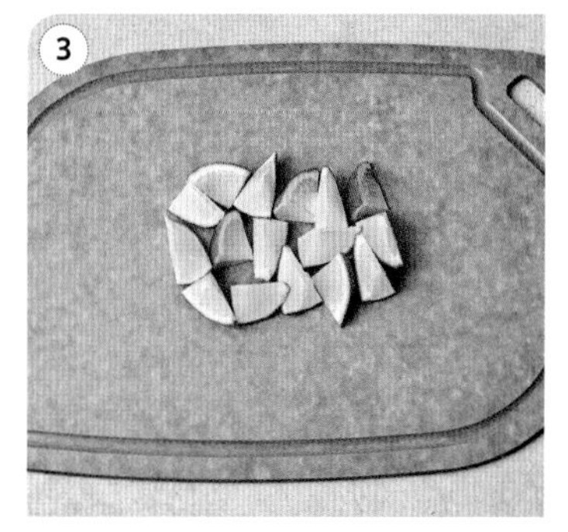

깨끗이 세척한 라임은 4조각으로
자르고,

애플민트(3줄기)는 물에 헹궈 물기를
제거한 뒤 절구에 빻고,

빻은 애플민트를 잔에 넣고, 라임은
즙을 짠 뒤 통째로 잔에 넣고,

소주를 넣고,
↖ 소주는 기호에 맞게 조절해요.

동그랗게 파낸 과육을 넣고 탄산수와
꿀을 넣어 잘 섞고,

남은 애플민트 잎과 블루베리를 얹어
장식해 마무리.

环球
GG-17
100ml
80
60
40
20

신상출시 편스토랑

맥주 맛술 & 정종 맛술

탄산 빠졌다고 방치해 둔 맥주, 언제 사뒀는지 기억 안 나는 정종.
버리려고 하셨나요? 동작 그만!
주'술'사가 되어 세상에서 가장 알뜰하고 간단한 맛술을 만들어보세요.

★ **주의사항** 술이라고 그냥 드시면 안 됩니다!

맥주 맛술

필수 재료

맥주(1L)

양념

설탕($1\frac{1}{3}$컵)

냄비에 맥주, 설탕을 넣고 센 불에서 팔팔 끓이고,
끓으면 약한 불로 줄여 양이 반으로 줄어들 때까지
졸여 마무리.

↖ 먹고 남은 술은 버리지 말고 맛술로 만들어보세요.

정종 맛술

필수 재료

정종(1L)
소주($\frac{1}{2}$컵)

양념

설탕($\frac{2}{3}$컵)
식초($\frac{1}{4}$컵=50ml)

냄비에 정종, 소주, 설탕, 식초를 붓고 10분간 센 불에 끓이고,
끓으면 불을 끄고 식힌 뒤 소독한 병에 담아 마무리.

↖ 정종으로 만든 맛술은 해물 요리의 잡내 제거에 탁월해요.

달걀 품은 미트볼 & 새우 품은 미트볼

미트파이

버카롱

떡갈비규리또

C닭

김돈가스

감귤 치킨 베이크

담양식 떡갈비 꼬치

신상출시 편스토랑

6 정육점코너

“

정육점 갈 때

편스토랑을 잊지 마세요

”

달걀 품은 미트볼 & 새우 품은 미트볼

고기로만 가득 채워진 미트볼은 식상하시죠?
동글동글 작고 귀여운 미트볼 속에 더 작은 새우와
메추리알을 품고 있으니 먹는 재미가 더해져요.

2 인분

필수 재료

양파($\frac{1}{2}$개)
양송이버섯(2개)
칵테일 새우(6마리)
다진 소고기(300g)
빵가루(1$\frac{1}{2}$컵)
달걀(1개)
깐 메추리알(6알)

양념

다진 마늘(1)
소금(0.5)
후춧가루(0.5)

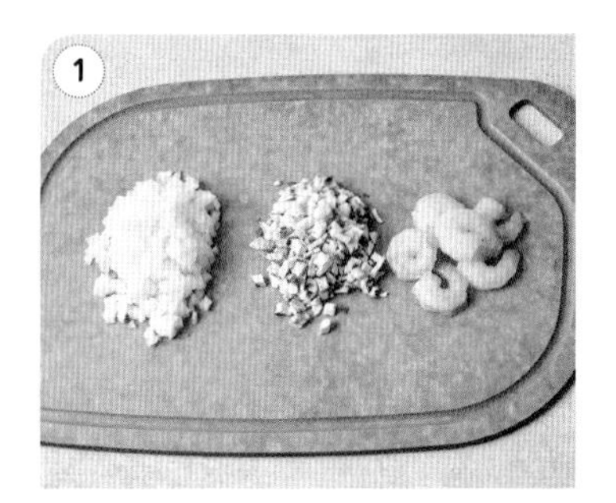

양파와 양송이버섯은 잘게 다지고, 칵테일 새우는 꼬리와 껍질을 제거하고,

중간 불로 달군 팬에 올리브유(1)를 두른 뒤 잘게 썬 양파와 양송이버섯을 2분간 볶고,

다진 소고기에 볶은 양파, 양송이버섯과 다진 마늘(1)을 넣어 고루 섞고,

빵가루와 달걀, 소금(0.5), 후춧가루(0.5)를 넣어 고루 섞고,

반죽을 한주먹 떼어 납작하게 편 뒤 메추리알을 넣고 동그랗게 굴려 메추리알 미트볼을 만들고,

반죽을 한주먹 떼어 납작하게 편 뒤 새우를 넣고 동그랗게 굴려 새우 미트볼을 만들고,

중간 불로 달군 팬에 식용유(3)를 두른 뒤 미트볼을 굴리며 15분간 구워 마무리.

신상출시 편스토랑

미트파이

정성과 시간을 들인 음식이 맛도 좋다!
긴 숙성을 거쳐 페이스트리로 거듭난 반죽이
고기를 품고 파이로 재탄생했습니다.

필수 재료

표고버섯(1개)
마늘(1쪽)
양파($\frac{1}{2}$개)
소고기(우둔살 120g)
돼지고기(다진 목살, 삼겹살 각 50g)
베이컨(1줄)
체더치즈(1장)
모차렐라치즈(50g=$\frac{2}{3}$컵)
달걀노른자(1개)

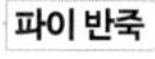

파이 반죽

박력분(2컵)
가염 버터(1컵)
소금(0.3)
올리브유(0.3)

↖ 요리에 풍미를 더해주는 버터는 작게 깍둑 썰어 준비해요.

고기 양념

소금(0.3)
갈릭파우더(0.3)
큐민(0.3)
바질(0.3)
파프리카 시즈닝(0.3)
후춧가루(0.3)

↖ 매운맛을 내고 싶다면 카옌 페퍼, 스모크 파프리카 시즈닝, 하바네로 핫소스, 마늘, 크러시드 레드페퍼 중 하나를 선택해 0.3만큼 넣어주세요.

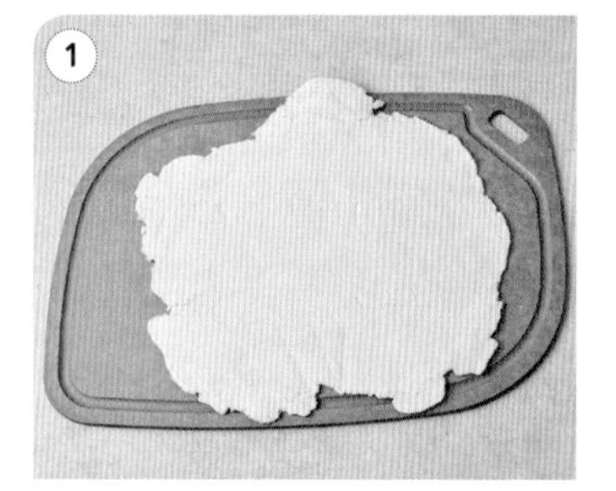

1 **파이 반죽** 재료에 물(7), 올리브유(약간)를 넣어 반죽하고, 밀가루를 뿌려가며 밀대로 반죽을 얇게 펴고,

↖ 도우 만드는 손은 차갑게 유지해야 해요.

2 파이 틀에 버터(1)를 바른 뒤 파이 반죽을 깔아 냉장실에서 약 1시간 동안 숙성하고,

↖ 파이 틀은 막걸리잔으로 대체 가능해요.

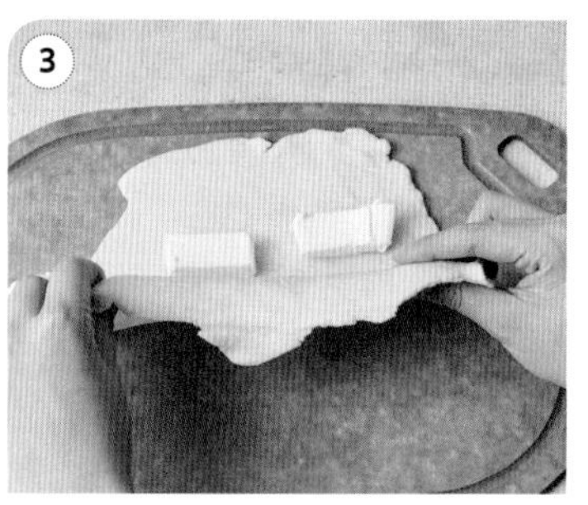

3 틀에 넣고 남은 반죽을 떼어 더 얇게 밀고, 가염 버터를 올린 뒤 반을 접어 다시 밀고,

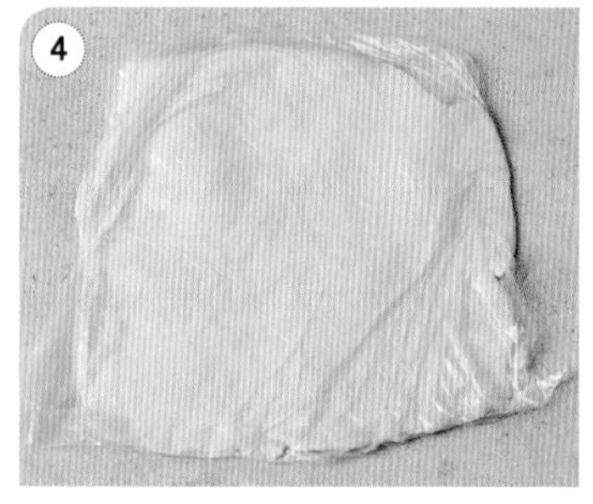

4 ③번의 과정을 6번 반복한 뒤 얇게 펼치고, 랩을 씌워 냉장실에서 1시간 동안 숙성하고,

↖ 뚜껑용 페이스트리 반죽을 만드는 과정이에요.

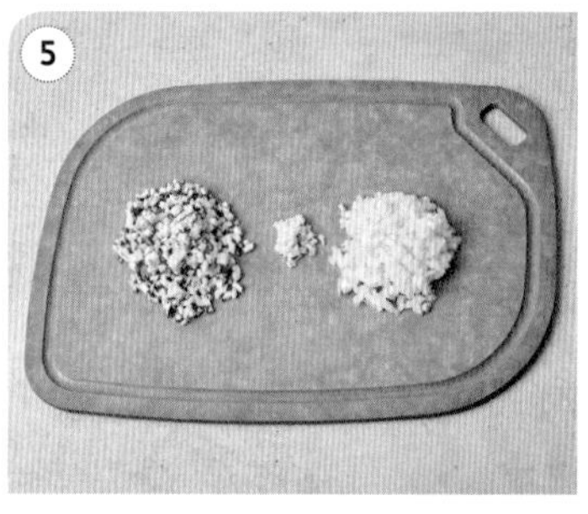

5 표고버섯, 마늘, 양파는 잘게 다지고,

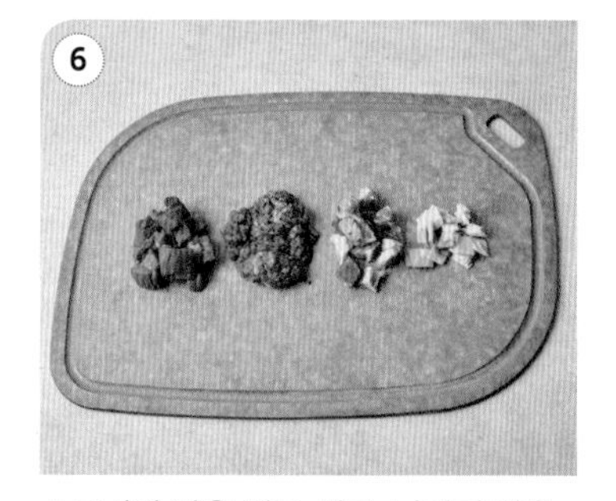

6 소고기의 반은 깍둑 썰고, 나머지 반은 다지고, 돼지고기, 베이컨은 작게 깍둑 썰고,

7 손질한 소고기와 돼지고기에 **고기 양념**을 넣어 고루 버무리고,

↖ 향신료는 취향에 따라 가감해요.

8 센 불로 달군 팬에 버터(1)를 두르고 양념한 고기를 넣어 4분간 볶아 수분을 90% 날린 뒤 손질한 채소를 넣어 3분간 볶고,

↖ 버터가 오일보다 바디감이 높아요.

9 볶은 고기에 베이컨, 체더치즈, 모차렐라치즈를 넣어 2분간 볶고,

양념

버터(3)
레드와인(3)
발사믹 식초(1)

레드와인(3), 발사믹 식초(1)를 넣어 2분간 더 볶아 볼에 담은 뒤 얼음물이 담긴 큰 볼 위에 올려 식히고,

↖ 차가운 도우와 속 재료의 온도를 같게 만들어 익는 속도를 맞추는 과정이에요.

숙성한 ②의 반죽을 꺼내, 반죽 안에 파이 속 재료를 듬뿍 넣고,

뚜껑용 페이스트리 반죽을 올려 모서리를 밀봉하고, 뚜껑 윗면에 버터를 골고루 바르고, 칼끝으로 숨구멍을 콕콕 뚫고,

200℃로 예열된 오븐에 파이를 넣고 25분간 굽고,

윗면에 달걀노른자를 골고루 발라 다시 3분 정도 굽고,

노릇하게 구운 파이를 틀에서 꺼내 마무리.

버카롱

마카롱, 뚱카롱의 상위 버전, 버카롱!
고기는 꼬끄(coque)가 되고, 튀긴 버터는 필링(filling)이 되어
거대한 고기 마카롱이 탄생했어요.

필수 재료

우둔살(스테이크용 200g)
통버터($\frac{1}{2}$개=225g)
밀가루(1컵)
달걀물(2개 분량)
빵가루(1컵)

↖ 통버터는 냉동실에서 5~7분 얼려 준비해요.

양념

버터(1.5)
소금(0.7)
로즈메리(약간)

중간 불로 달군 팬에 버터(1.5)를 넣고 녹으면 센 불로 올리고, 식빵 크기로 자른 우둔살을 4분간 굽고,

구운 우둔살에 소금(0.5)을 뿌린 뒤 로즈메리를 뜯어 올리고,

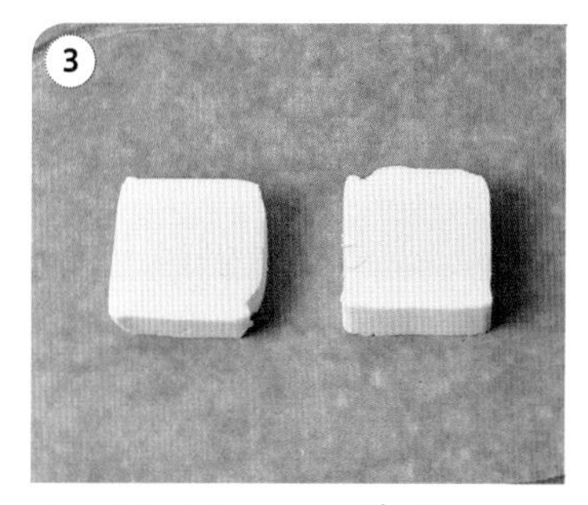

냉동실에 넣어 둔 통버터($\frac{1}{2}$개)는 2cm 두께로 썰고,

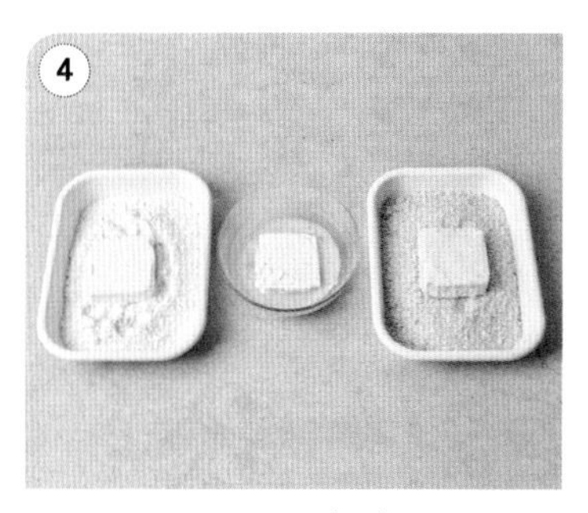

버터에 밀가루 → 소금(0.2) → 달걀물 → 빵가루 순으로 2번 반복해 튀김옷을 입히고, ←냉동 버터를 기름에 튀기면 튀김옷이 터질 수 있으니 튀김옷을 한 번 더 입혀주세요.

170~180℃로 예열한 식용유($2\frac{1}{2}$컵)에 튀김옷을 입힌 버터를 넣어 20~30초간 튀겨 건지고, ↖너무 오래 익히면 버터가 녹을 수 있으니 주의하세요.

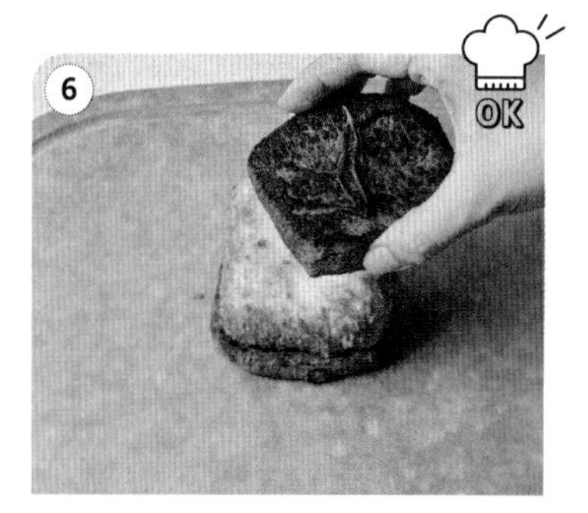

구운 우둔살 → 튀긴 버터 → 구운 우둔살 순으로 쌓아 마무리.

떡갈비규리또

토르티야에 떡갈비를 넣어 부리토를 만든다는 참신한 발상!
떡갈비와 갖은 채소로 포만감이 가득한 떡갈비규리또는
먹기에도 간편해 소풍 갈 때 챙기기 딱 좋아요!

필수 재료

토마토(1개=30g)
양상추(3장)
할라페뇨(1개)
소고기(목심, 갈빗살 각 100g)
찰보리 섞은 백미($\frac{1}{2}$컵)
토르티야(12인치, 1장)
모차렐라치즈(50g)

양념

간장(2)
맛술(2)
백설탕(2.5)
후춧가루(약간)
다진 마늘(3.5)
다진 대파($1\frac{1}{2}$컵)
다진 생강(0.5)

화이트크림소스

생크림($\frac{1}{4}$컵)
마요네즈(4)
올리고당(2)

땡초간장소스

다진 청양고추(1)
간장(0.5)
올리고당(1)

살사소스

케첩(2)
다진 양파(1.5)
다진 청양고추(1)
다진 고수(조금)

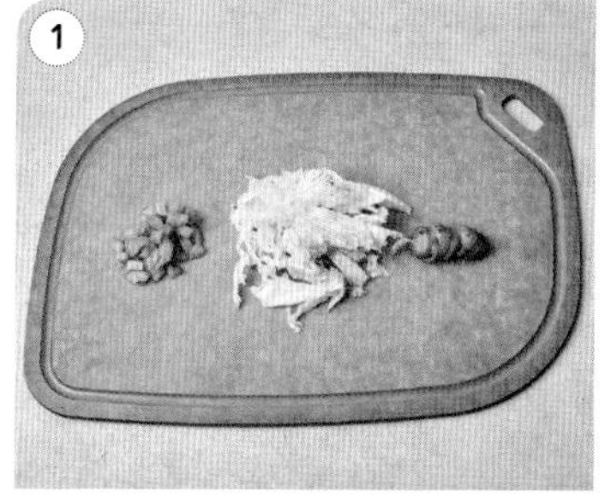

토마토는 잘게 썰고, 양상추는 길게 썰고, 할라페뇨는 송송 썰고,

소고기는 다져서 **양념**에 버무리고,

중간 불로 달군 팬에 식용유(1)를 두른 뒤 소고기를 볶고, 익으면 찰보리 섞은 백미를 넣어 볶고,

↖ 백미와 찰보리의 비율을 1:1로 밥을 지어주세요.

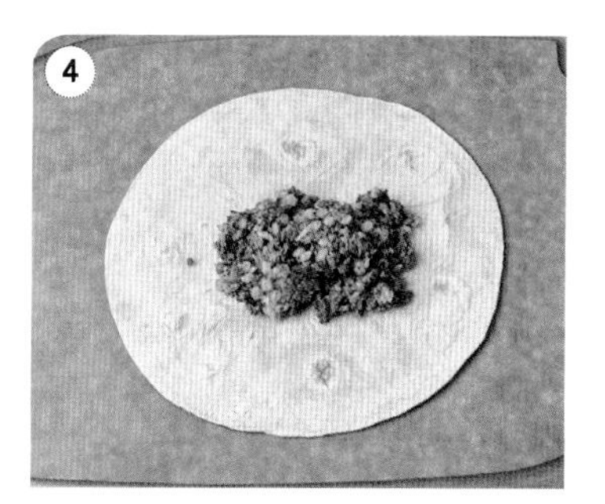

토르티야 중앙에 떡갈비볶음밥을 넣고,

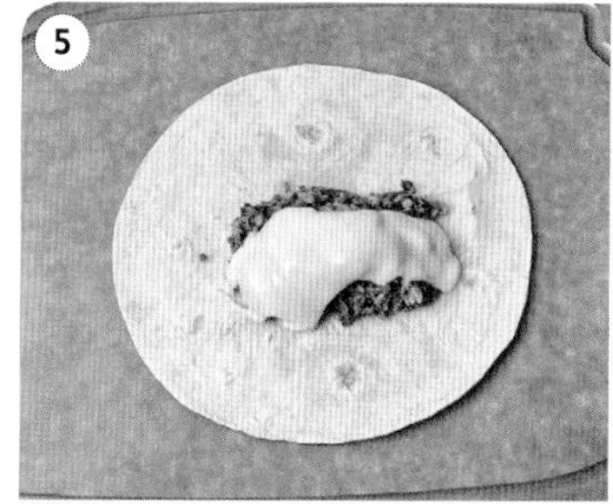

팬에 모차렐라치즈를 넣어서 살짝 녹여 볶음밥 위에 올리고,

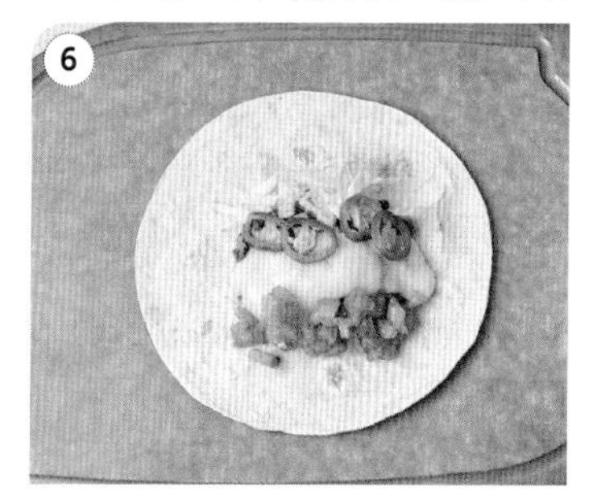

손질한 토마토, 양상추, 할라페뇨를 올리고,

화이트크림소스, **땡초간장소스**, **살사소스**를 뿌리고,

떡갈비 부리토 양끝을 안쪽으로 접고 김밥 말듯이 말고,

프라이팬에 식용유(2)를 두른 뒤 접힌 부분을 먼저 굽고 앞뒤로 구워 꺼낸 뒤 반으로 잘라 마무리.

닭강정 위에 뿌리면 오독오독한 식감과 고소함까지 더해 주는 견과류.
견과류만큼 고소한 현미 플레이크를 닭강정이 안 보일 정도로
덮으면 고소한 맛이 일품인 씨닭 완성! 발음에 주의하세요!

필수 재료

닭다릿살(500g)
현미 플레이크(1$\frac{1}{2}$컵)
마늘 플레이크(3)
전분(1컵)
찹쌀가루(1컵)

양념

무염버터(2)
라유(4)
다진 마늘(1)
다진 대파(4)
다진 생강(0.3)
물엿(4)
고추기름(3)
베트남고추(7개)
마자오(0.5)

밑간

설탕(0.5)
소금(약간)
청주(1)
간장(1)
다진 생강(0.5)
후춧가루(약간)
고추기름(1)

1 닭다릿살은 한입 크기로 썰어 **밑간**을 하고,

2 약한 불로 달군 팬에 식용유(1)를 두른 뒤 현미 플레이크와 무염버터(2)를 넣어 3분간 볶고,

↖ 수분이 충분히 날아갈 때까지 볶아요.

3 마늘 플레이크를 넣어 2분간 볶은 뒤 넓은 접시에 펼쳐 담아 한 김 식히고,

4 전분과 찹쌀가루를 섞은 뒤 밑간한 닭다릿살에 골고루 묻히고,

5 170~180℃의 식용유(6컵)에 닭다릿살을 넣어 4분간 튀긴 뒤 식히는 과정을 3번 반복하고,

6 중간 불로 달군 오목한 팬에 라유(4)를 두른 뒤 다진 마늘(1), 다진 대파(4), 다진 생강(0.3)을 넣어 2분간 볶고,

7 물엿(4), 고추기름(3), 베트남고추(7개), 마자오(0.5)를 넣어 한 번 더 볶아 소스를 만들고,

8 튀긴 닭다릿살을 소스에 넣어 2분간 볶고,

9 그릇에 볶은 닭다릿살을 담고, 플레이크 토핑을 수북이 올려 마무리.

신상출시 편스토랑

김돈가스

김이 튀김옷이 된다? 김이 소스가 된다?
새로운 돈가스 세계의 문을 열어주는 특별한 열쇠는 바로 김.
걸쭉함이 매력인 김소스에 풍미가 살아 있는 김돈가스를 푹 찔러 먹으면 감탄이 절로 나와요.

1 인분

필수 재료

돼지고기(등심 100g)
카레가루(1팩) ↖ 카레가루는 약간 매운맛을 사용했어요.
밀가루(1컵)
달걀물(2개 분량)
조미 김가루(1컵)
빵가루(1컵)

양념

소금(0.6)
후춧가루(약간)
깨소금(2)
생고추냉이(0.5)

김소스

조미김(1봉)
맛술(1) ↖ 조미김은 잘게 부숴 사용해요.
우스터소스(2)
버터(1)
올리고당(1)

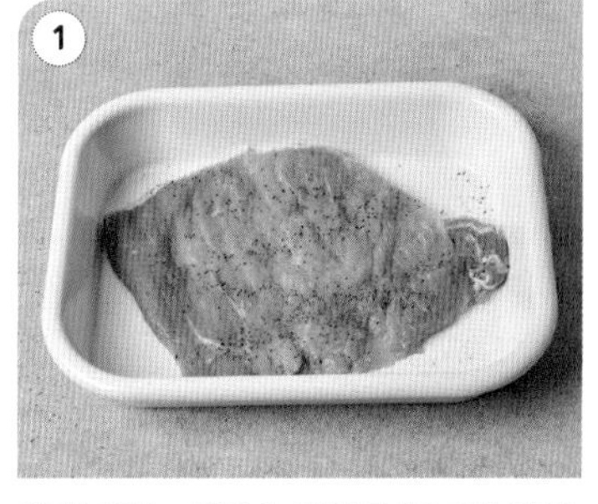

1 돼지고기는 돈가스 망치로 두드려 얇게 편 뒤 앞뒤로 소금(0.3), 후춧가루를 뿌려 밑간하고,

2 밑간한 돼지고기는 카레가루 → 밀가루 → 달걀물 → 조미 김가루 → 달걀물 → 빵가루 순으로 입히고,

3 170~180℃로 예열한 식용유(3컵)에 돼지고기를 5~6분 정도 튀기고,

4 팬에 뜨거운 물(2컵)과 **김소스** 재료를 넣어 걸쭉해질 때까지 중간 불로 끓이고,
↖ 냄비에 넣고 끓이기 전, 믹서에 재료를 넣고 갈면 더욱 부드러운 소스가 됩니다.

5 소금(0.3)과 후춧가루를 넣어 간한 뒤 깨소금(2)을 넣고, 생고추냉이(0.5)를 넣어 섞고,

6 김돈가스에 곁들여 마무리.
↖ 김소스와 생고추냉이의 비율은 7:3 이에요.

OK

신상출시 편스토랑

감귤 치킨 베이크

베샤멜소스는 서양 요리의 가장 기본이 되는 소스로 부드럽고 고소한 맛이 특징이에요.
베샤멜소스에 치즈까지 듬뿍 더해 부드럽고 고소해요.
닭가슴살이 들어가 다이어트 한 끼 식사로 제격!

필수 재료

닭가슴살(100g)
송이버섯(3개)
표고버섯(2개)
새송이버섯(1개)
양파($\frac{1}{2}$개) ↖ 버섯은 취향에 따라 다른 버섯을 사용해도 좋아요.
귤(5개)
토르티야(1장)
슈레드 모차렐라치즈(1줌=50g)
↖ 기호에 맞게 조절해요.

선택 재료

애플민트(약간)
슈가파우더(1)

베샤멜소스

버터(2)
밀가루(30g)
우유($1\frac{1}{2}$컵=300ml)
트러플 소금(약간) ↖ 우유 대신 생크림, 트러플 소금 대신 일반 소금을 사용해도 좋아요.
후춧가루(약간)

1

닭가슴살, 버섯, 양파는 사방 1~2cm 크기로 썰고,

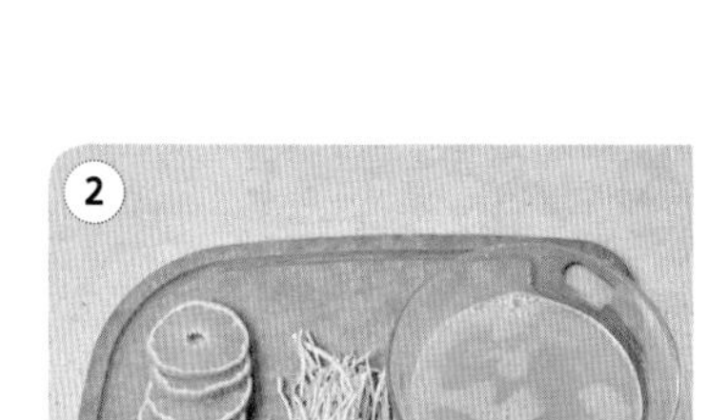

2

귤(1개)은 껍질째 가로로 얇게 썰고, 남은 귤(4개)은 껍질을 벗겨 면포에 감싸 즙을 짜고, 껍질은 얇게 채 썰고,
↖ 귤껍질은 베이킹소다(1)를 이용해 깨끗하게 씻어 사용해요.

3

중간 불로 달군 팬에 버터(30g)를 넣어 녹인 뒤 밀가루(30g)를 넣어 루를 만들고,

4

우유를 넣어 뭉치지 않게 잘 풀고, 트러플 소금과 후춧가루로 간해 **베샤멜 소스**를 만들고,

5

중간 불로 달군 팬에 버터(1)를 두른 뒤 닭가슴살, 양파를 넣어 5분간 볶고,

6

화이트와인(1), 버섯, 채 썬 귤껍질을 넣어 3분간 볶고, 베샤멜소스를 넣어 고루 섞고,

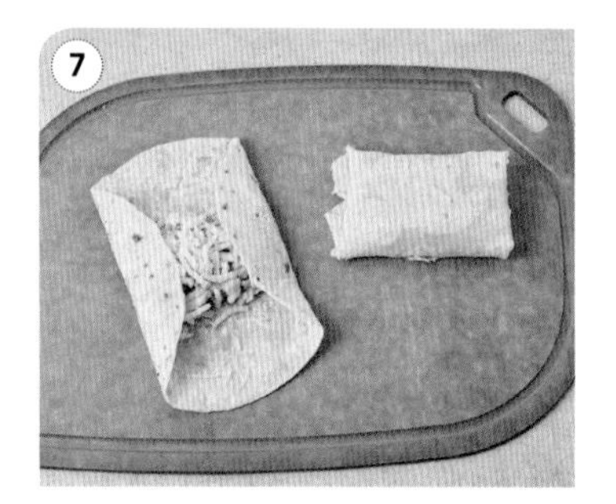

7

토르티야에 슈레드 모차렐라치즈 → 베샤멜소스와 섞은 재료 → 슈레드 모차렐라치즈 순으로 올려 감싸고,

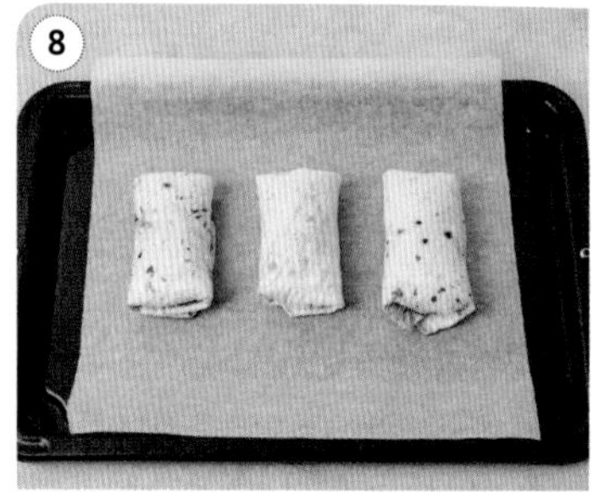

8

200℃로 예열한 오븐에 넣어 15분간 굽고,

9

냄비에 귤즙(4개 분량)과 꿀(4)을 넣어 중간 불로 10분간 끓인 뒤 한 김 식혀 귤시럽을 만들고,
↖ 중간에 생기는 거품은 걷어내고, 걸쭉한 정도의 농도가 될 때까지 끓여요.

양념

버터(1)
화이트와인(1)
꿀(4)

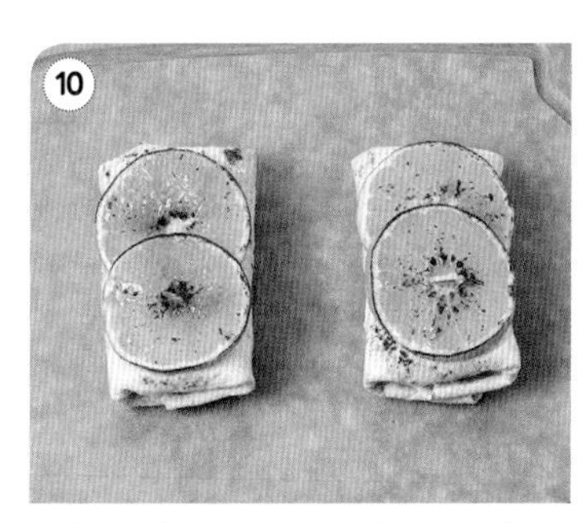

구운 베이크 위에 귤시럽을 뿌린 뒤
얇게 썬 귤을 올려 토치로 굽고,

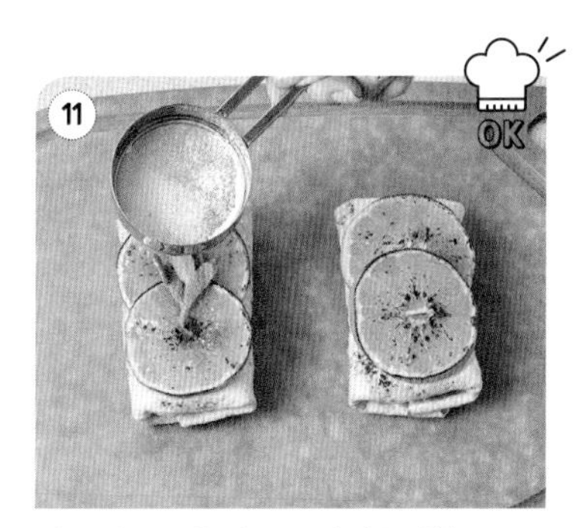

애플민트를 올리고 슈가파우더(1)를
뿌려 마무리.

tip box 베샤멜소스béchamel 만드는 법

베샤멜소스는 프랑스 요리에서 가장 많이 쓰이는 하얀 소스로 쓰임새만큼
유래도 다양해요. 다양한 유래와 소문은 그만큼 인기가 많다는 뜻이겠죠?
베샤멜소스는 음식에 맛과 풍미를 더해주는 것뿐만 아니라, 음식을 더욱 맛있어
보이게 만들어요. 주로 생선이나 채소가 들어간 음식과 궁합이 좋아요.

필수 재료 버터, 밀가루, 우유, 소금(약간), 후춧가루(약간)

↖ 버터:밀가루:우유=1:1:10 비율로 준비해주세요.

1 중간 불로 달군 팬에 버터와 밀가루를 1:1 비율로 넣어 타지 않게 저어 루를 만들고,
2 우유 혹은 생크림을 넣어 저으며 끓이고,
3 소금과 후춧가루로 간을 해 마무리.

↖ 밀가루는 체에 쳐서 곱게 걸러서 사용하세요.
이때 다진 양파를 약간 넣어도 좋아요.

담양식 떡갈비 꼬치

담양 하면 떡갈비, 떡갈비 하면 담양!
정성껏 치댄 고기 반죽 속에 길쭉한 재료를 넣고 불맛까지 더했으니 맛은 보장!
한입에 쏙쏙 먹기 편하도록 꼬치를 꽂았어요.

필수 재료

새송이버섯(3개)
가래떡(1개)
청양고추(6개)
다진 소고기(500g)
슬라이스 체더치즈(6개)

고기 양념

간장(3)
설탕(3)
다진 마늘(1.5)
다진 파(1)
참기름(1)
후춧가루(약간)
찹쌀가루(3)

양념소스

케첩(3)
올리고당(1)
고추장(1)
간장(1.5)
다진 마늘(1)
후춧가루(약간)

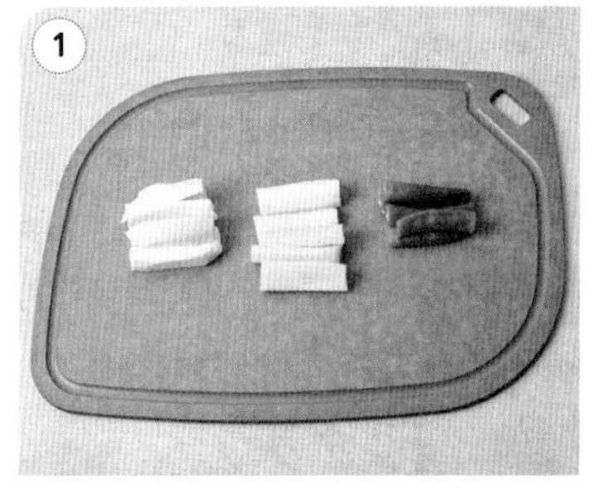

새송이버섯과 가래떡은 5~6cm 길이로 길게 썰고, 청양고추는 양 끝을 1cm씩 잘라내고,

다진 소고기에 **고기 양념**을 넣고 치대며 버무리고,

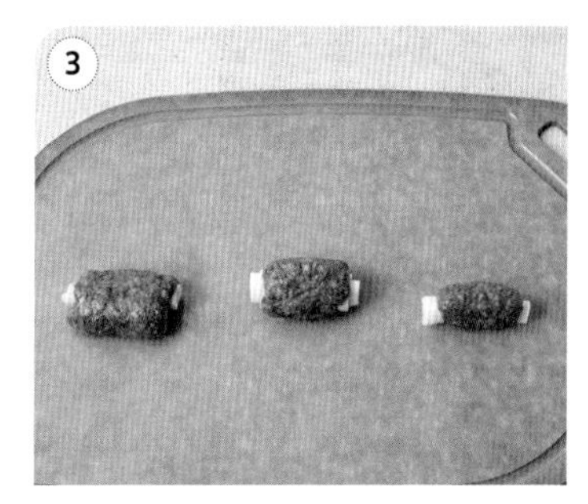

치댄 반죽은 손바닥 크기로 동그랗게 빚은 후 가운데를 눌러 새송이버섯, 청양고추, 체더치즈+가래떡, 가래떡을 각각 넣어 감싸고, ↖ 4종류의 떡갈비를 만들어요.

양념소스를 만들고,

중간 불로 달군 팬에 식용유(3)를 두른 뒤 떡갈비를 굴리며 고루 굽다가 양념소스를 발라 굽고,

숯불에 올려 불맛을 입힌 뒤 꼬치에 4가지 종류의 떡갈비를 꽂아 마무리.

↖ 숯불이 없다면 토치를 이용해 불맛을 더해도 좋아요.

Real Recipe

한입 핫도그

매운짜장 호떡도그

흑당 호떡도그

누룽보나라

프라이드 바나나

숯불 바비큐 치킨 바

쫄계

피자의 사탑

시크한 호떡

신상출시
편스토랑

7 스낵코너

"
내 곁의 스낵 컬처,
편스토랑
"

신상출시 편스토랑

한입 핫도그

호두과자같은 모습에 속지마세요!
한입 베어 물때마다 색다른 세 가지 맛의 간식.
장난감 초콜릿 케이스에 넣어주면 아이들이 정말 좋아하겠죠?

필수 재료

바나나(1개)
초콜릿(1개)
비엔나소시지(5개)
통조림 옥수수(6)
모차렐라치즈(1컵)

반죽

쌀가루(1컵)
핫케이크(1컵)
달걀(3개)
우유(1컵)

양념

케첩(1.5)

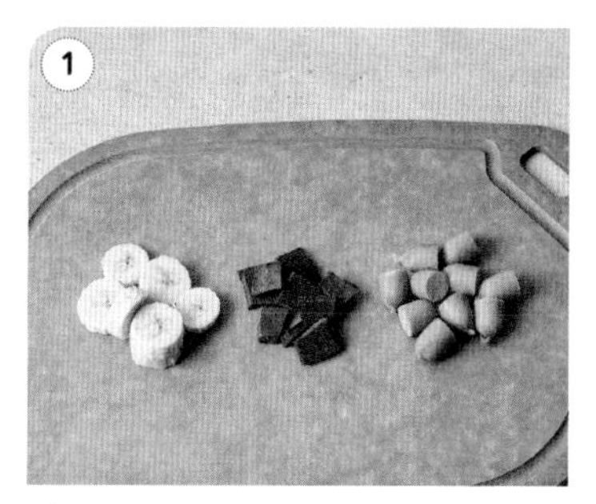

바나나는 모양대로 도톰하게 썰고,
초콜릿은 한입 크기로 썰고,
비엔나소시지는 2등분하고,

반죽 재료를 고루 섞어 반죽을 만들고,

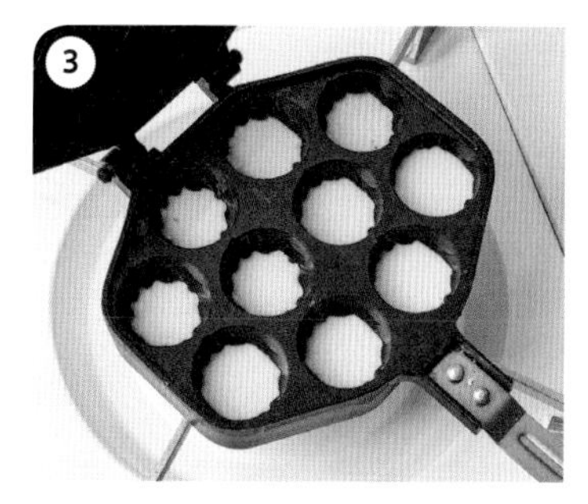

호두과자 팬에 식용유를 바른 뒤
반죽을 각 틀의 $\frac{1}{3}$분량만 채우고,

각 반죽 위에 $\frac{1}{3}$만큼 바나나,
초콜릿을 넣고,

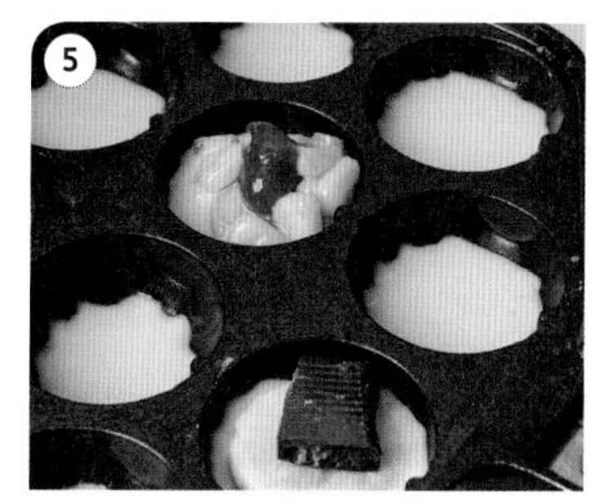

각 반죽 위에 $\frac{1}{3}$만큼 비엔나소시지,
통조림 옥수수(3), 케첩(0.5)을 넣고,

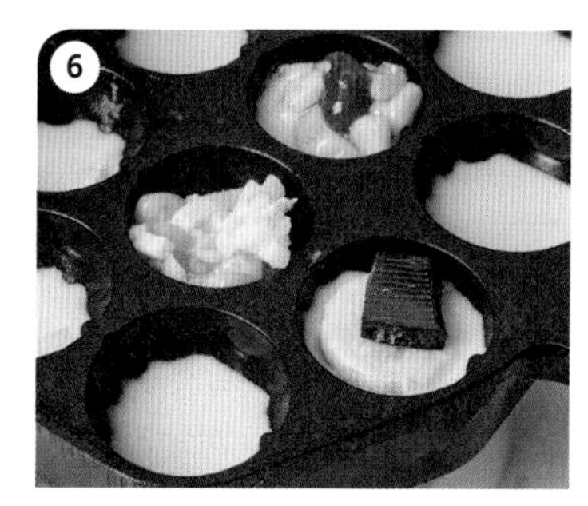

각 반죽 위에 $\frac{1}{3}$만큼 통조림 옥수수(3),
모차렐라치즈를 넣고,

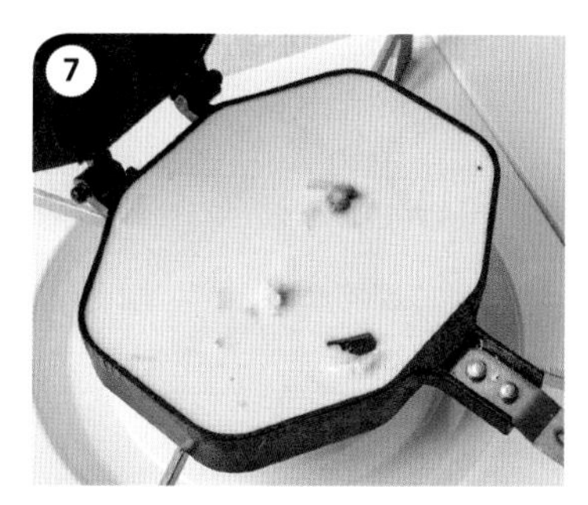

호두과자 팬의 틀이 꽉 차도록 반죽을
붓고,

약한 불로 치즈핫도그 5분 30초 →
소시지핫도그 6분 → 바나나핫도그는
6분 50초 정도 굽고,

모양대로 꺼내 케첩(1)을 곁들여 마무리.

매운짜장 호떡도그

퓨전에 퓨전을 더했어요.
호떡과 핫도그의 퓨전! 호떡과 짜장의 퓨전!
매콤한 사천짜장의 매력을 핫도그로 즐겨보세요.

필수 재료

당근($\frac{1}{4}$개)
청피망($\frac{1}{4}$개)
홍피망($\frac{1}{4}$개)
양파($\frac{1}{4}$개)
대파(20cm)
양배추($\frac{1}{8}$개)
청양고추(2개)
부추(1줌=50g)
라면사리(2개)
불린 당면(2줌=160g)
다진 돼지고기(앞다릿살, 100g)
찹쌀호떡믹스(1봉)

양념

맛술(1)
춘장(3)
설탕(2)
올리고당(2)
고춧가루(4)
소금(약간)
후춧가루(약간)
튀김가루(1컵)

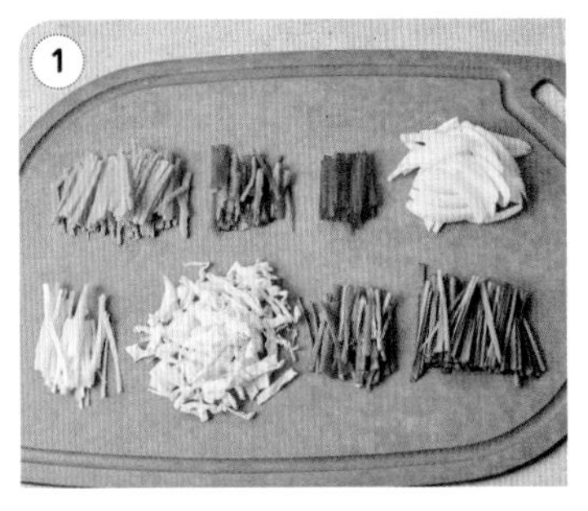

모든 채소는 3cm 길이로 채 썰고,

라면사리는 곱게 부수고, 불린 당면은 잘게 잘라 끓는 물(4컵)에 3분간 삶아 건지고,

중간 불로 달군 팬에 식용유(3)를 두르고 양파, 대파를 넣어 1분간 볶고,

다진 돼지고기, 맛술(1)을 넣어 3분간 볶고,

당근, 양배추, 피망을 넣고 익을 때까지 볶고,

불을 끄고 당면, 부추를 넣은 뒤 여열에 살짝 볶아 식혀 그릇에 담고,

중간 불로 달군 팬에 식용유(3)를 두르고, 춘장(3), 물(3)을 넣어 2분간 볶고,

청양고추, 설탕(2), 올리고당(2), 고춧가루(4)를 넣어 3분간 볶고,

그릇에 담아둔 ⑤의 재료와 함께 섞고, 소금과 후춧가루로 간을 해 호떡소를 만들고,

따뜻한 물(1컵)과 찹쌀호떡믹스를 섞어
반죽하고, 호떡 반죽을 4등분하고,

반죽을 펼쳐 짜장호떡소를 넣어 감싸고
핫도그 모양으로 만들고,

튀김가루(1컵)와 물($1\frac{1}{2}$컵)을 고루 섞어
튀김옷을 만들고,

핫도그에 튀김옷을 입힌 뒤 부순 라면사리를
묻혀 180℃로 예열한 식용유(6컵)에 약 10~15분간
튀겨 꺼내고, 한 번 더 2분 정도 튀겨 마무리.

신상출시 편스토랑

흑당 호떡도그

호떡(맛있음)+핫도그(맛있음)=맛있음이 두 배!
겨울에 먹던 둥글고 납작한 호떡이
식감과 맛은 그대로, 길쭉하고 바삭한 핫도그가 되었어요.

필수 재료

인절미(5개)
라면사리(2개)
찹쌀호떡믹스(1봉)

호떡소

견과류 믹스(2봉)
해바라기씨(1줌=20g)
아몬드(1줌=20g)
조청(3)
흑당시럽(5)
황설탕(2)
시나몬가루(약간)

양념

튀김가루(1컵)

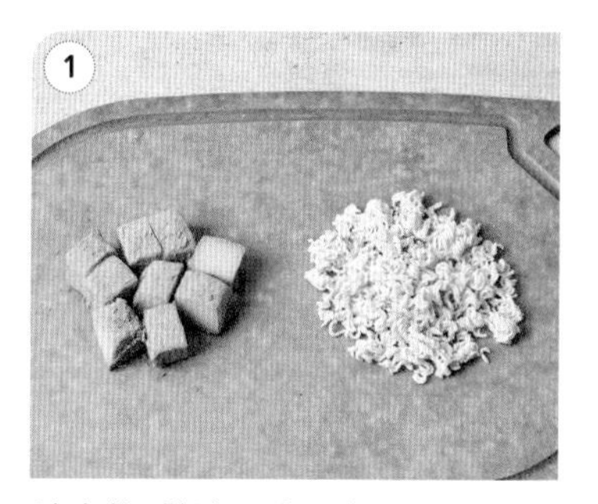

1 인절미는 한입 크기로 자르고, 라면사리는 잘게 부수고,

2 따뜻한 물(1컵)에 찹쌀호떡믹스를 넣어 반죽해 4등분 하고,

3 **호떡소** 재료를 고루 섞어 호떡소를 만들고,

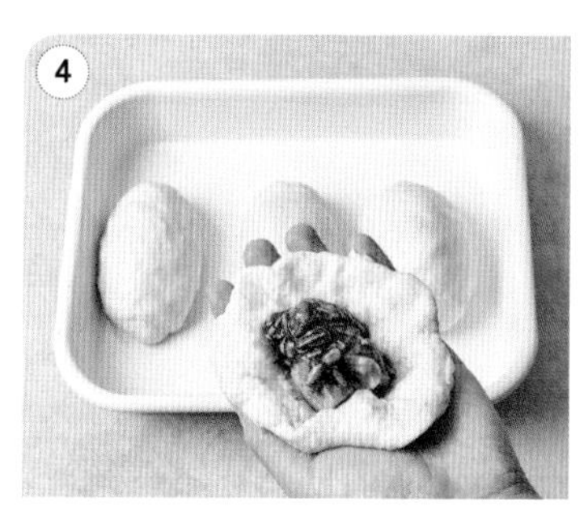

4 호떡반죽에 호떡소, 손질한 인절미를 넣어 핫도그 모양으로 만들고,

5 튀김가루(1컵)와 물($1\frac{1}{2}$컵)을 섞어 묽게 만든 튀김옷을 핫도그에 입히고, 부순 라면 사리를 꾹꾹 눌러 묻히고,

6 180℃로 예열한 식용유(6컵)에 10~15분간 튀겨 꺼내고, 한 번 더 2분 정도 튀겨 마무리.

신상출시 편스토랑

누룽보나라

편의점에서 간편하게 구할 수 있는 재료로 만들어
요즘 트랜드에 딱 맞아요!
얼핏 보면 파에야, 슬쩍 보면 누룽지탕! 정체가 궁금해지네요!

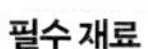

필수 재료

까르보불닭볶음면(큰 컵 1개)
누룽지(1컵)

선택 재료

파슬리가루(약간)
트러플오일(1)

까르보불닭볶음면의 사리를 잘게 부수고,

부순 라면 사리를 컵에 넣어 뜨거운 물을 붓고 4분간 익힌 뒤 물을 버리고,

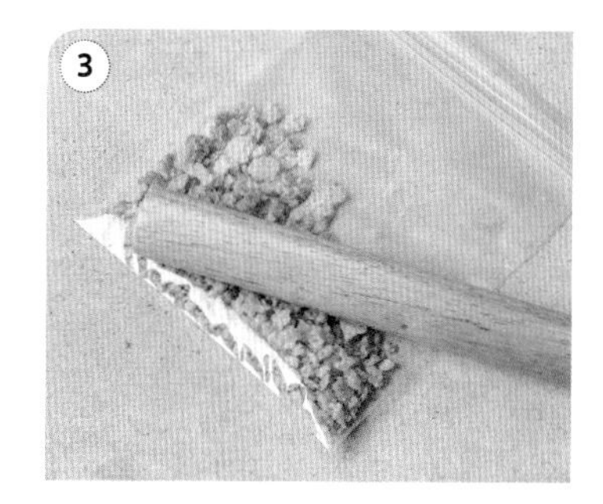

누룽지 절반을 잘게 부수고,

누룽지가 잠길 정도로 뜨거운 물을 부어 3분간 불리고,

그릇에 익은 면과 불린 누룽지를 넣고,
까르보불닭볶음면의 액상 수프,
분말 수프를 넣어 고루 섞고,

남은 바삭한 누룽지 절반을 위에 뿌려 마무리.

↖ 기호에 맞게 파슬리가루와
트러플오일을 뿌려주세요!

프라이드 바나나

바나나를 튀겨먹는다? 놀라지마세요.
겉은 바삭 속은 촉촉한 바나나 튀김은 한번 맛보면 손을 멈출 수 없어요!
달콤한 초코 시럽까지 더하면 매력이 수직상승!

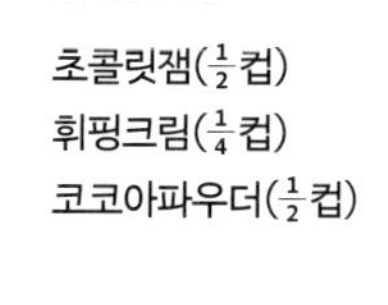

필수 재료

몽키바나나(8개)

↖ 일반 바나나를 잘라 사용해도 좋아요.

꼼(Com)

튀김가루(4)
중력분(6)
설탕(2.5)
강황가루(0.2)
물(1$\frac{1}{4}$컵)

↖ 베트남 쌀인 꼼(Com)을 대체하기 위해 튀김옷을 한 번 더 만드는 과정이 필요해요.

튀김옷

튀김가루(4)
중력분(6)
설탕(2.5)
녹차분말(5)
물(1컵)

초콜릿 시럽

초콜릿잼($\frac{1}{2}$컵)
휘핑크림($\frac{1}{4}$컵)
코코아파우더($\frac{1}{2}$컵)

1 **꼼(Com)** 재료를 고루 섞어 꼼 반죽을 만들고,

2 185℃로 예열한 식용유(2컵)에 반죽을 조금씩 떨어뜨리면서 동그란 꼼을 만들어 건지고,

3 **튀김옷** 재료를 고루 섞고,

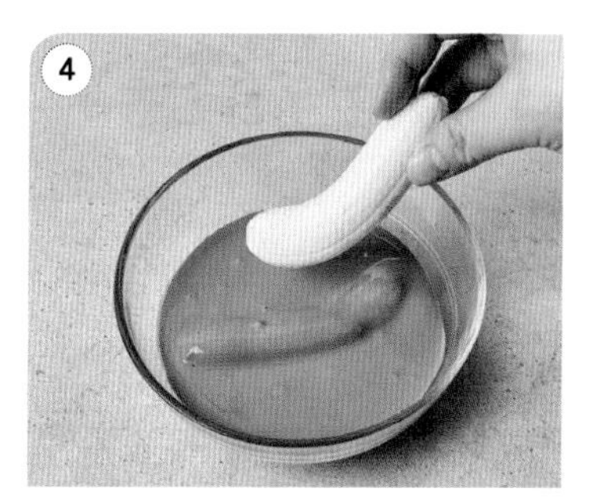

4 바나나에 튀김옷을 고루 묻힌 뒤 꼼 반죽을 한 번 더 묻히고,

5 185℃로 예열한 식용유(2컵)에 넣어 20초간 튀기고, 튀긴 바나나를 냉동실에서 1시간 이상 얼리고,

6 **초콜릿 시럽** 재료를 고루 섞어 초콜릿 시럽을 만들고,

7 얼린 프라이드 바나나와 초콜릿 시럽을 곁들여 마무리.

숯불 바비큐 치킨 바

아이스크림 아니에요! 맛의 비결은 바로 어간장!
마치 한약을 달이듯 오랜 시간 푹 끓인 간장에 흥건히 적신 치킨이라니,
맛이 없을 수가 없네요!

필수 재료

가다랑어포(10g)
닭고기(어깨살, 날개살, 가슴살, 연골안창살, 다릿살 각 200g)
쪽파(3대)
달걀노른자(1개)

어간장

양파($\frac{1}{2}$개)
대파($\frac{1}{4}$대)
마늘(1줌=50g)
생강(1톨=40g)
건표고버섯(60g)
디포리(50g)
↖ 디포리는 중간 불로 달군 마른 팬에 3분간 구워 비린내를 제거해 사용해요.

양념

맛술(3컵=600g)
간장(2컵)

냄비에 맛술(3컵)을 넣어 센 불로 놓고 끓어오르면 중간 불로 줄이고,
↖ 맛술의 알코올을 날리는 과정이에요.

맛술에 간장(2컵)을 넣어 중간 불로 5분간 끓이고,

어간장 재료를 넣어 1시간 끓이고,
↖ 어간장 재료는 육수용 망에 담아 사용하면 편해요.

가다랑어포를 체에 밭쳐 어간장에 담갔다 빼기를 10번 정도 반복하고,

닭고기는 어깨살+날개살, 가슴살+연골안창살, 다릿살 3가지로 나눠 각각 믹서에 넣어 곱게 갈고,

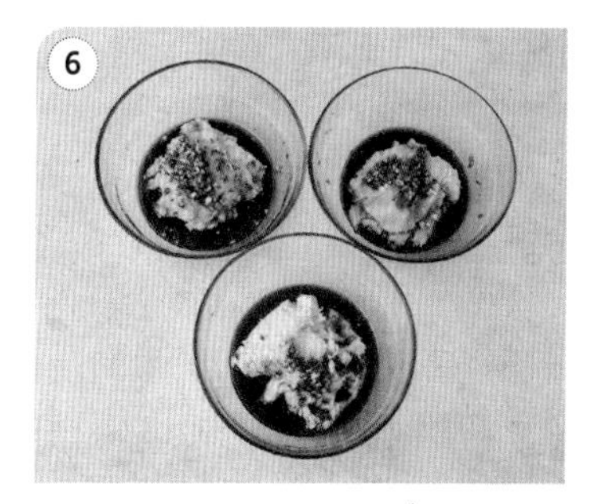

나눈 닭고기에 각각 어간장($\frac{1}{2}$컵), 다진 쪽파(3), 달걀노른자($\frac{1}{3}$개)를 넣어 반죽하고, ↖ 많이 치대야 육질이 더 쫀쫀해요.

하루 숙성한 뒤 아이스크림 모양 틀에 어깨살+날개살 → 가슴살+연골안창살 → 다릿살 순으로 채우고,
↖ 진공 포장해서 숙성하면 더 좋아요.

200℃로 예열한 오븐에 넣어 20분간 굽고,

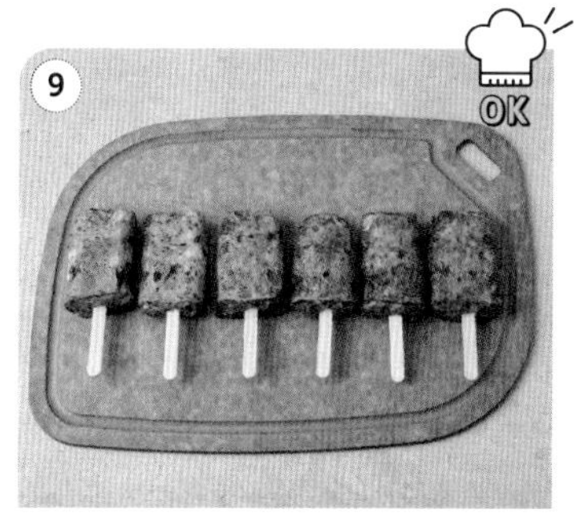

은은하게 불을 죽인 참숯에 2분간 굽고 구운 숯불 바비큐 치킨에 막대를 꽂아 마무리.
↖ 참숯이 없다면 토치를 사용해 불맛을 더해요.

신상출시 편스토랑

쫄계

쫄면을 구워 먹는 신박한 요리!
이름대로 쫄깃한 쫄면을 불판 위에 올려 꾹꾹 누르면
떡처럼 먹기 좋게 서로서로 잘 붙는답니다.
위에 부드러운 스크램블드에그와 매콤달콤 떡꼬치소스를 올리면 완성!

필수 재료

쫄면(150g)
달걀(3개)
쪽파(3대)
슈레드 모차렐라치즈(200g)
↖ 기호에 맞게 조절해요.

양념

시판 떡꼬치소스(4)
소금(0.3)
후춧가루(약간)
↖ 시판 떡꼬치소스는 고추장:케첩:물엿=2:1:1으로 대체 가능해요!

쫄면은 찬물(4컵)에 5분간 담갔다 건져 체에 밭쳐 물기를 빼고,

중간 불로 달군 팬에 식용유(3)를 두른 뒤 불린 쫄면을 넣고 꾹꾹 누르며 굽고,
↖ 쫄면끼리 서로 붙을 때까지 눌러가며 구워요.

쫄면이 붙으면 위에 달걀(1개)을 깨서 넓게 펴 바르고,

뒤집어서 반대편에도 달걀(1개)을 깨서 넓게 바른 뒤 앞뒤로 노릇하게 3~5분간 굽고,

앞뒤로 시판 떡꼬치소스(4)를 고루 발라 2분간 구운 뒤 4등분하고,

슈레드 모차렐라치즈와 송송 썬 쪽파를 뿌려 약한 불로 3~5분간 치즈를 녹이고,

중간 불로 달군 팬에 식용유(2)를 두른 뒤 달걀(1개)과 소금(0.3), 후춧가루(약간)를 넣고 저어 스크램블드에그를 만들고,

치즈가 녹은 쫄면구이($\frac{1}{4}$조각 씩)를 층층이 그릇에 담은 뒤 스크램블드에그를 올려 마무리.

신상출시 편스토랑

피자의 사탑

이탈리아에 피사의 사탑이 있다면 편스토랑에는 피'자'의 사탑이 있다!
층마다 분리해서 먹어도 좋고, 입을 크게 벌려 세 가지 맛을 동시에 즐겨도 좋아요.
각 층마다 매력이 분명한 음식이니까요!

필수 재료	튀김반죽	양념장	양념
파프리카($\frac{1}{2}$개)	+ 물(2컵)	+ 설탕(3)	마요네즈(3)
청양고추(1개)	+ 찹쌀가루(1컵=200g)	+ 고춧가루(2.5)	연유(2)
어묵(4장)		+ 간장(2)	설탕(1)
통조림 옥수수(1개)		+ 고추장(5)	
조랭이 떡(1줌)		+ 토마토 페이스트(2)	
다진 청양고추(4) ↙ 기호에 맞게 조절해요.		+ 물엿(4)	
슈레드 모차렐라치즈(1줌=50g)		+ 스리라차소스(1)	
피자도우(1개)		+ 다진 마늘(1)	

1 파프리카는 다지고, 청양고추는 채 썰고, 어묵은 1×1cm 크기로 자르고, 통조림 옥수수는 체에 밭쳐 물기를 제거하고,

2 쌀떡에 **튀김반죽**을 묻힌 뒤 160℃로 예열한 식용유(5컵)에 넣어 1분간 튀기고, 손질한 어묵도 같은 온도에서 1분간 튀기고, ↖ 튀긴 떡은 붙지 않게 해주세요.

3 중간 불로 달군 팬에 **양념장**을 넣어 1분간 끓이고,

4 튀긴 떡을 넣어 양념장에 버무리고,

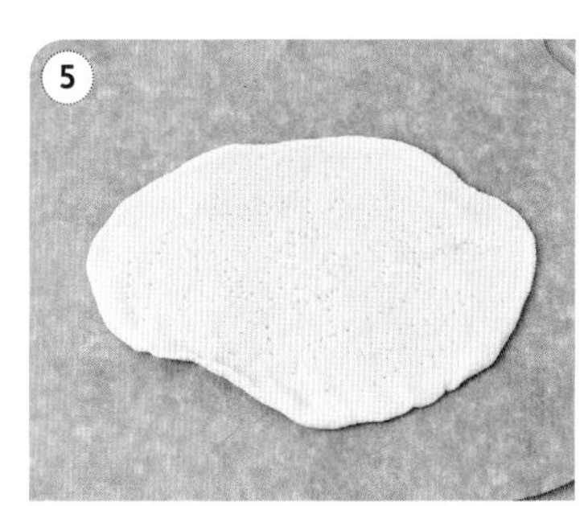

5 피자 도우는 얇게 펴서 포크로 표면을 콕콕 찌르고,

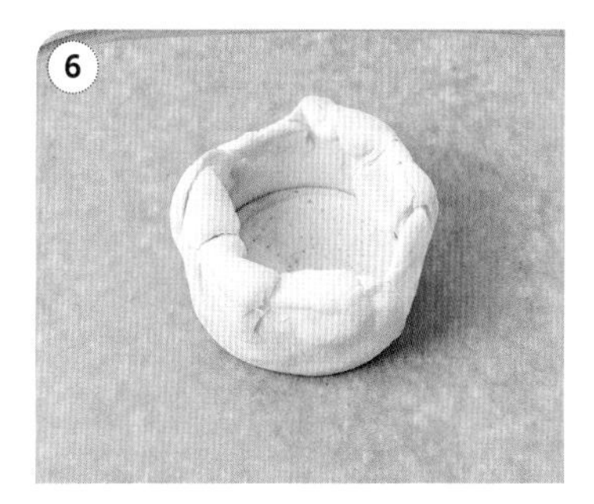

6 원형 틀 바깥쪽에 식용유를 바르고 도우로 감싸 160℃로 예열한 오븐에서 20분 굽고,

7 손질한 파프리카, 청양고추, 옥수수, 다진 청양고추, 슈레드 모차렐라치즈, **양념**을 섞고,

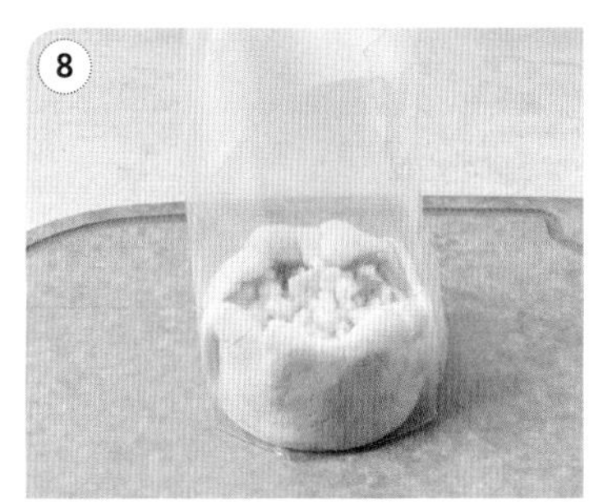

8 구운 도우에 양념을 가득 채우고, 전자레인지용 비닐을 약 15㎝ 높이로 도우를 둘러 틀을 만들고,

9 비닐 안에 떡볶이 → 튀긴 어묵 순으로 올리고, 전자레인지에 넣어 2분간 돌려 비닐을 빼 마무리.

시크한 호떡

감자의 담백함, 사워크림의 시큼함이 어우러져
상호보완의 끝판왕 음식 완성!
반죽에 물 한 방울, 밀가루 한 스푼도 안 들어가
순수 감자전분으로만 만들어 더욱 맛있어요.

필수 재료

감자(5개)
전분(3)
시금치(5개)
양파($\frac{2}{3}$개)
베이컨(5줄)

선택 재료

꿀(3)

양념

소금(2.8)
후춧가루(약간)
올리브유(2)
사워크림($1\frac{1}{3}$통)
버터(2)

끓는 소금물(물7컵+소금1)에 감자를 삶아 껍질을 벗긴 뒤 곱게 으깨고,

으깬 감자에 전분(3), 소금(0.5), 후춧가루를 넣어 반죽한 뒤 30분간 숙성하고,

↖ 반죽이 질척거리면 전분을 조금씩 추가해 잘 뭉쳐질 정도로 넣어요.

끓는 소금물(물5컵+소금1)에 시금치를 넣어 30초간 살짝 데친 뒤 찬물에 헹궈 물기를 꼭 짜고,

양파는 굵게 다지고, 베이컨은 작게 썰고, 시금치는 잘게 썰고,

중간 불로 달군 팬에 올리브유(2)를 두른 뒤 다진 양파와 베이컨을 각각 볶아 꺼내고,

↖ 양파는 투명해질 때까지, 베이컨은 노릇해질 때까지 볶아요.

사워크림, 소금(0.3), 후춧가루를 넣고 섞어 시금치크림소스를 만들고,

숙성한 감자 반죽을 3등분해 동그랗고 넓적하게 편 후 시금치크림소스(2)를 넣어 호떡을 빚고, 겉면에 전분(약간)을 묻히고,

중간 불로 달군 팬에 버터(2)를 녹인 뒤 호떡을 넣어 앞뒤로 노릇하게 구워 마무리.

↖ 꿀을 곁들이면 더욱 맛있어요.

INDEX

0~9

A~Z

ㄱ

ㄴ

ㄷ

ㅁ

ㅂ

ㅅ

ㅇ

ㅈ

ㅋ

ㅌ

ㅍ

ㅎ

편스토랑의 우승메뉴로 출시된 상품의 판매 수익금 2억 3천만 원은
결식아동과 소상공인을 위한 기금으로 사용되었습니다.